IDEAL KITCHEN
理想厨房

亲手做一碗暖暖的羹汤

（日）星野奈奈子＿＿＿＿著　　　侯天依＿＿＿＿译

スープ・ポタージュ・チャウダーの本

U0316395

化学工业出版社
·北京·

CONTENTS

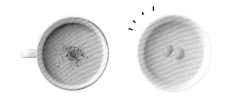

基础篇：羹汤、浓汤、美式杂烩汤的烹饪要点

Part1

羹汤

[蔬菜类]

08　意大利式菜丝汤

09　洋葱汤

10　普罗旺斯杂烩风羹汤

11　蘑菇鳀鱼羹汤

12　西红柿羹汤

13　墨西哥辣味牛肉末汤

14　法式豆焖肉羹汤

15　玉米羹汤
　　大头菜虾米干羹汤

[肉类]

16　俄式罗宋汤

17　简单德式泡菜风羹汤

18　韩式土豆汤

19　韩式参鸡汤

20　泰国青咖喱羹汤
　　新加坡肉骨茶风羹汤

21　土豆炖肉羹汤
　　猪肉韭菜馄饨汤

[鱼贝类]

22　虾味海鲜汤

23　鳕鱼土豆番红花羹汤

24　虾仁水芹羹汤

25　越南风味花蛤羹汤
　　青海苔油炸豆腐羹汤

【鸡蛋、芝士、豆腐类】

26　荷包蛋培根羹汤
　　莫扎里拉奶酪西红柿羹汤

27　豆腐韭菜辣白菜羹汤
　　酸辣汤

【意大利面食、米饭、杂粮类】

28　芦笋培根奶油通心粉羹汤
　　橄榄西红柿蝴蝶形通心粉羹汤

29　小沙丁鱼羹汤饭
　　根菜杂粮羹汤

Part2

浓汤

【基本浓汤】

32　蔬菜浓汤

【蔬菜类】

34　南瓜浓汤

35　西红柿浓汤

36　玉米浓汤

37　芦笋浓汤

38　红灯笼椒浓汤
　　西蓝花浓汤

39　大头菜浓汤
　　菜花浓汤

40　西洋菜浓汤

41　蘑菇浓汤

42　红薯浓汤
　　大葱浓汤

43　芋头浓汤

莲藕浓汤

44　烤茄子浓汤

45　毛豆浓汤

鹰嘴豆咖喱浓汤

【坚果、糙米类】

46　核桃浓汤

47　豆腐芝麻浓汤

糙米浓汤

【贝类】

49　虾夷盘扇贝浓汤

牡蛎浓汤

专栏1

【冷汤】

50　维希奶油冷汤

牛油果冷制浓汤

51　红色西班牙冷汤

黄色西班牙冷汤

Part3

美式杂烩汤　

【基本杂烩汤】

54　花蛤杂烩汤

【鱼贝类】

56　曼哈顿花蛤杂烩汤

57　牡蛎杂烩汤

60　鲜虾西红柿奶油杂烩汤

虾夷盘扇贝白菜杂烩汤

61　鲑鱼芝士杂烩汤

剑鱼咖喱杂烩汤

【蔬菜类】

64　多种蔬菜西红柿杂烩汤

土豆杂烩汤

65　南瓜杂烩汤

西蓝花杂烩汤

66　玉米杂烩汤

67　蘑菇杂烩汤

68　混合豆金枪鱼西红柿杂烩汤

大豆肉木奶油味噌杂烩汤

专栏2

【用美式杂烩汤做杯式派】

69　杯式鸡肉派

卷末特辑

【周末羹汤】

71　猪排骨蔬菜汤

72　马赛鱼汤

74　勃艮第红酒炖牛肉

76　法国奥日风鸡汤

【周末甜品汤】

78　苹果浓汤

桃子浓汤

79　黑芝麻甜品汤

巧克力羹汤

*材料表中的用量：1小勺=5ml（c.c.）、1大勺=15ml（c.c.）、
1杯=200ml（c.c.）。

*日式汤汁是由海带和鲣鱼煮成的汤汁。

*如果没有清汤，可以买鸡骨汤料，然后用热水泡开即可。
若用鸡骨汤料做清汤，注意根据咸淡控制食盐的用量。

基础篇：羹汤、浓汤、美式杂烩汤的烹饪要点

在烹饪之前，要谨记这些基本要点，才能做出美味佳肴。

① 准备道具

用厨房里的烹饪器具就能轻松做出美味。要选择合适大小、合适材质的器具，接下来就只需等待美味出锅了。

锅

如果是2人份，可以选择直径15cm左右的手提锅；若是4人份，请选择直径20cm以上的锅。锅的材质要求具有保温性、传热性好以及厚实等特点，以铸铁珐琅锅、不锈钢多层锅以及搪瓷锅为佳。

铸铁珐琅锅

不锈钢多层锅

搪瓷锅

硅胶刮刀

硅胶刮刀可以轻松地将锅或者榨汁机中的剩余食材刮出。推荐购买耐热性能好的硅胶材质刮刀。炒菜时，也能发挥很大作用。

计量杯

尽量选择口径较大的计量杯，这样加水或清汤时，会很方便，不易洒出。图中所示的这款计量杯，从杯子正上方也可以看见刻度。

榨汁机

在制作浓汤时，榨汁机可以发挥不小的作用。只需轻轻按下开关，不一会儿，食材就变成了糊糊状。在实际操作中，记得把食材放凉一些再放进榨汁机。

② 精品配料、装饰品让美味更上一层楼

在做羹汤、浓汤、美式杂烩汤时，一般以蔬菜、肉、鱼类和贝类等为主要食材，以水、清汤以及牛奶为主要材料。在炖煮食材时，不妨溶入一点精品配料，味道会更加鲜美。点缀上这些精品配料和装饰品，美味就会更上一层楼。可依据个人喜好选择合适的配料及装饰品。

精品配料

西红柿罐头

金枪鱼罐头　　培根

鳀鱼　　　芝士粉　　　鲜奶油

橄榄油

芝麻油

豆浆

装饰品

南瓜籽

芝麻

培根干

欧芹

小葱

意大利香芹

炸面包丁　　香菜

搅打奶油

③ **鸡肉清汤让成品更美味**

在本书中，鸡肉清汤作为味道基础，自然有很多的利用空间。即使没有鸡架鸡骨，也可以用鸡翅轻松做汤。具体做法如下。（到商店购买鸡骨汤料，回来后用热水泡开也可以。）

【鸡肉清汤的做法】

材料 2.5L份

鸡翅 16个
大葱（葱叶部分）1~2根
姜片 2~3片
水 3L

做法

① 将所有鸡翅裹上盐（额外用量），用流水清洗。

② 将步骤1中的食材同剩余食材一同放入锅内，点火。

③ 煮开后，除去浮沫，调至小火，炖煮1小时左右。

④ 取出鸡翅和葱、姜，在过滤器等器皿上蒙一层纸巾，过滤清汤。

☐ **清汤的保存方法**

若冷藏，可以将清汤装进塑料瓶中，放到冰箱里冷藏，能保存4天左右（如图a所示）。若冷冻，也可以将清汤分成一小份一小份的，装进保鲜袋中（如图b所示），放入冰箱中冷冻，能保存1个月左右。

a   b

☐ **若使用市场上售卖的鸡骨汤料**

按照商品说明，用热水泡开原料。因为原料本身就含盐，所以在最后撒盐调味时，要根据味道以及汤的分量来控制盐的用量。

☐ **清汤做好后，如何利用剩下的鸡翅尖**

倒出清汤后，剩下的鸡翅还可以接着做菜肴。按4根鸡翅分量来看，需要在锅里倒1大勺色拉油，将鸡翅煎至金黄，加酱油、料酒、白酒各1大勺，如果再加1/2大勺砂糖，做出来的就是照烧鸡翅。烧好后，如果倒入1大勺鱼露，再加1/2大勺砂糖入味，最后装盘撒上香菜，就是一道特别的民族风烧鸡翅了。

照烧鸡翅   民族风烧鸡翅

Part 1

//////////////////////////////

羹汤

　　能将蔬菜的甘甜同肉类、鱼类、贝类的鲜美完美地融合在一起的，就只有羹汤了。按照食材的不同，本书将介绍30种羹汤的做法。从大家所熟悉的意大利式菜丝汤、洋葱汤，到具有民族特色的酸辣汤等，应有尽有。轻轻松松就能做出各种美味羹汤，希望大家能够享受这个美妙的过程。

→ 蔬菜类

意大利式菜丝汤是汤品中的经典款。这种简单的汤能将蔬菜的甘甜和鲜美利用到极致。接下来将介绍几款这样简单却必不可少的经典汤。

意大利式菜丝汤

经过细心地翻炒后，蔬菜的甜味就配着培根的浓香飘了出来。
冰箱里剩下的蔬菜也可以安排进来。

point

在炒好的食材中加入清汤，待煮沸后，一定要记得去除浮沫。这样做出来的羹汤才没有杂味，味道鲜美。

材料   2人份

西芹　1/4根	鸡肉清汤（见第5页做法）
土豆　1/2个	或者用鸡骨汤料（颗粒）
西红柿　1个	Ⓐ 冲泡而成的汤　300ml
培根（块）40g	月桂叶　1片
洋葱　1/4个	食盐　约2撮
胡萝卜　1/4根	胡椒粉　少许
大蒜（切末）1瓣	橄榄油　1大勺
	芝士粉　适量
	欧芹碎末　少许

*如果用鸡骨汤料做清汤，注意根据咸淡控制食盐的用量。

做法

① 西芹去筋，土豆削皮，西红柿去蒂，同培根、洋葱、胡萝卜一起，均切成边长1cm的小丁，土豆用水漂净。

② 锅中放入橄榄油、蒜末，中火加热，待飘出香味后，按顺序依次放入培根、洋葱、胡萝卜、西芹、土豆。全体过油后，加入西红柿翻炒。

③ 将Ⓐ加入步骤2中煮沸，撇出浮沫。加盖，调至小火，煮15分钟左右。加食盐、胡椒粉调味。盛出，撒芝士粉和欧芹碎末。

洋葱汤

把洋葱炒至糖稀色，甜味渐渐溢出，再配上熔化的软软糯糯
的芝士，简直让人垂涎欲滴。快趁热端到餐桌上吧。

材料　2人份

洋葱　1个

长棍面包（1cm厚）　2片

格吕耶尔干酪

或者比萨用芝士　30g

食盐　适量

红酒　2大勺

鸡肉清汤（见第5页做法）

或者用鸡骨汤料（颗粒）冲
泡而成的汤　300ml

胡椒粉　少许

黄油　10g

橄榄油　1大勺

干欧芹（可无）　少许

*如果用鸡骨汤料做清汤，注意根据咸淡控制食盐的用量。

做法

1. 洋葱切成薄片。将长棍面包放入烤面包机中，轻烤。用磨碎机将格吕耶尔干酪磨碎。

2. 将步骤1中的洋葱装入耐热性能好的大碗中，撒少许食盐，盖上保鲜膜，放入600W的微波炉中加热6~7分钟。

3. 锅内倒入黄油和橄榄油，中火加热，待黄油熔化后，倒入步骤2中的洋葱，用中火炒至糖稀色，调成小火。倒入红酒，煮沸，待酒精挥发后加入鸡肉清汤。再次煮沸后，调至小火，炖煮5分钟左右，撒少许食盐、胡椒粉调味。

4. 将汤盛至耐热容器中，放上步骤1中的长棍面包和格吕耶尔干酪。放入烤箱中烤6~7分钟，烤至金黄。若有干欧芹，撒上少许点缀。

Check

格吕耶尔干酪

格吕耶尔干酪是瑞士的代表性奶酪，因经常被用
于做奶酪火锅而扬名在外。格吕耶尔干酪味道醇
美浓郁，既有坚果的风味，又有水果的香甜。

point

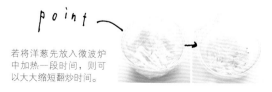

若将洋葱先放入微波炉
中加热一段时间，则可
以大大缩短翻炒时间。

9

Part 1

普罗旺斯杂烩风羹汤

色泽鲜艳的蔬菜点缀其中，
看起来充满了食欲。

材料　2人份

茄子　1根
西葫芦　1/4根
灯笼椒（黄）　1/2个
洋葱　1/4个
大蒜　1瓣

A ｜ 西红柿（水煮罐头）　1/2罐（200g）
　｜ 鸡肉清汤（见第5页做法）
　｜ 或者用鸡骨汤料（颗粒）冲泡而成的汤　200ml
　｜ 月桂叶　1片

食盐　约1/4小勺
胡椒粉　少许
橄榄油　1大勺

*如果用鸡骨汤料做汤，注意根据咸淡控制食盐的用量。

point

将各种蔬菜切成相似大小，保证蔬菜受热均匀。

做法

1. 茄子去蒂，切成1cm厚的片。西葫芦纵向切半，切成5mm厚的片。灯笼椒去蒂，去籽，切成边长2cm的块。洋葱、大蒜切薄片。

2. 锅内倒入橄榄油，放入蒜片，小火加热，待飘出香味后，依次加入洋葱、西葫芦、茄子和灯笼椒，翻炒。

3. 将蔬菜炒软后，倒入 A 煮沸，撇出浮沫，调至小火炖煮15分钟左右。撒适量食盐和胡椒粉调味。

蘑菇鳀鱼羹汤

蘑菇本身就鲜美异常，再配上鳀鱼和大蒜，就更让人食欲大增了。

材料　2人份

蟹味菇　1/2袋
杏鲍菇　1/2袋
土豆　1/2个
鳀鱼（脊肉片）　4片
大蒜　1瓣

水　200ml
食盐、胡椒粉　各少许
橄榄油　1大勺
粉红胡椒（可无）　适量

Check

鳀鱼

是将日本鳀等小鱼用盐水腌渍熟化后，用橄榄油浸渍而成的食品。本身具有很强的咸味和鲜味，如果做汤，很便于出味。

做法

① 蟹味菇去根，掰成小瓣。杏鲍菇切成3cm长、5mm厚的小片。土豆去皮，切成边长1cm的块。鳀鱼和大蒜切碎。

② 在锅中倒入橄榄油，小火加热，放入鳀鱼和大蒜翻炒。放入蘑菇，炒至变软。放入土豆，继续翻炒。全部食材过油后，加水，煮沸，撇出浮沫。加盖，调至小火，炖煮15分钟左右。撒适量食盐、胡椒粉调味。

③ 盛出，若有粉红胡椒，捻碎，撒少许点缀。

西红柿羹汤

新鲜西红柿的美味被完完整整地保留下来。
黑橄榄和刺山柑的味道格外令人沉醉。

做法

① 西红柿去蒂，焯水去皮（如下图所示）。

② 锅内倒入鸡肉清汤，加热，放入步骤1❶。调至小火炖煮15分钟，撒食盐调味。

③ 盛出，撒上Ⓐ。

材料　2人份

西红柿　2小个
鸡肉清汤（见第5页做法）
或者用鸡骨汤料（颗粒）冲泡而成的汤　800ml
食盐　1/2小勺

Ⓐ ┃ 黑橄榄碎末　1大勺
　 ┃ 刺山柑碎末　1大勺

12

*如果用鸡骨汤料做清汤，注意根据咸淡控制食盐的用量。

---

❶ 表示本步骤中的食材，全书同。

point

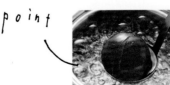

西红柿去蒂后，在表面划十字花。放入沸腾的开水中。待西红柿外皮绽开后，捞出，去皮（焯水去皮）。

鸡肉清汤要没过西红柿，这样做出来的汤才更有味道。

墨西哥辣味牛肉末汤

豆子松软热乎的口感是这款汤的一大特色。
配着面包或米饭一起吃，营养均衡，是非常棒的一款汤。

材料　2人份

红腰豆（水煮或者干货）　100g
肉末　100g
洋葱　1/4个
大蒜　1瓣
香菜　1/2棵

A
辣椒粉　1小勺
卡宴辣椒粉　少许
西红柿（水煮罐头）　1/2罐（200g）
鸡肉清汤（见第5页做法）
或者用鸡骨汤料（颗粒）冲泡而成
的汤　200ml

食盐、胡椒粉　各少许
橄榄油　1大勺

*如果用鸡骨汤料做清汤，注意根据咸淡控制食盐的用量。

Check

红腰豆

红色的腰豆，在南美料理中被广泛使用，如墨西哥辣味牛肉末汤、墨西哥玉米饼卷等。红腰豆在做料理的过程中不易煮烂，没有特殊味道。用市场上售卖的水煮红腰豆就能轻松做出美味佳肴。

做法

1. 洋葱、大蒜切碎末。香菜切碎。

2. 锅内倒入橄榄油和大蒜，小火加热，待香味飘出后，放入洋葱翻炒，加入肉末，炒至变色。

3. 向步骤2中加入1，煮沸，撇出浮沫。将沥干水分的红腰豆放入锅内，加盖，调至小火炖煮10分钟。加香菜迅速炖煮，撒食盐、胡椒粉调味。

羹汤

07

法式豆焖肉羹汤

由白扁豆和肉慢炖而成的法国乡土料理。
不妨试试鸡肉，异国美味手到擒来。

材料 2人份

白扁豆（水煮） 100g
鸡腿肉 1/2片
食盐、胡椒粉 各适量
低筋粉 2小勺
洋葱 1/4个
胡萝卜 1/4根
西红柿 1个
大蒜 1瓣
维也纳香肠 2根
鸡肉清汤（见第5页做法）
或者用鸡骨汤料（颗粒）冲泡而成的汤300ml
面包粉 1大勺
黄油 20g

*如果用鸡骨汤料做清汤，注意根据咸淡控制食盐的用量。

做法

① 将白扁豆用流水洗净，沥干水分。鸡腿肉去除多余脂肪，切成小块，撒适量食盐、胡椒粉，用低筋粉裹匀。洋葱、胡萝卜切成边长1cm的小丁。西红柿去蒂，切成边长2cm的小块。大蒜用刀腹拍碎。维也纳香肠表面斜划2~3刀。

② 锅中放入黄油，加热熔化。放入步骤1中的鸡腿肉，中火煎至两面金黄，盛出。

③ 大蒜放入步骤2的锅中，炒出香味。再将洋葱、胡萝卜放入，一起翻炒。待食材变软后，再加入西红柿迅速翻炒。最后倒入煎好的鸡腿肉、白扁豆和鸡肉清汤。

④ 待鸡肉清汤煮开后，去除浮沫，加盖，小火炖10分钟左右。放入维也纳香肠炖2~3分钟，撒少许食盐、胡椒粉调味。盛至耐热容器中，撒面包粉，放入烤箱中，烘烤5~6分钟，烤至金黄。

point

撒一点面包粉再放入烤箱，会增添香脆焦酥的口感。

玉米羹汤

只需开个玉米罐头，打个鸡蛋，片刻就能做好的美味汤。

材料 　2人份

奶油玉米（罐头）1罐（190g）
鸡肉清汤（见第5页做法）或者用鸡骨汤料（颗粒）冲泡而成的汤300ml
食盐1/2小勺　胡椒粉少许　和好的淀粉（淀粉2小勺　水2小勺）
鸡蛋1个　小葱葱花少许

*如果用鸡骨汤料做清汤，注意根据咸淡控制食盐的用量。

做法

1. 锅内倒入奶油玉米、鸡肉清汤，加热。待煮沸后，撒食盐、胡椒粉调味，倒入用水和好的淀粉勾芡。

2. 将搅好的鸡蛋倒入锅内，加热至蛋花漂起。盛出，撒上小葱葱花点缀。

point

将蛋液均匀地倒进锅内，待松软得漂起后，立即关火，这样做出来的羹汤才好吃。

大头菜虾米干羹汤

牛奶汤底所具有的独特温和的味觉体验。

材料 　2人份

大头菜1个　干虾皮2大勺　温水250ml　生姜1片
牛奶100ml　和好的淀粉（淀粉2小勺　水2小勺）
食盐约1/4小勺　胡椒粉少许　干红虾皮（可无）
适量

做法

1. 将干虾皮放入温水中泡30分钟左右，泡开。大头菜去叶，纵向切八等份。

2. 将步骤1中泡虾皮的温水全部倒入锅内，再加入步骤1中剩余食材及生姜。煮开后，撒出浮沫，加盖，调至小火炖煮10分钟左右。加入牛奶，略微炖煮片刻，倒入用水调好的淀粉勾芡。撒食盐、胡椒粉调味。

3. 盛出，可撒上干红虾皮点缀。

⇒ 肉类

以肉类为主的羹汤，吃起来别有一番滋味。日本式的、西洋式的、亚洲式的，各种风格应有尽有。

羹汤
10

俄式罗宋汤

罗宋汤是俄罗斯的代表汤品，食材入味，色泽鲜红。如果没有甜菜，可以用西红柿罐头代替，方便快捷。

材料　2人份

牛肉（薄片）　100g
低筋粉　2小勺
洋葱　1/4个
胡萝卜　1/4根
土豆　1/2个
大头菜　1/2个

西红柿（水煮罐头）　1/2罐（200g）

Ⓐ　水　200ml

月桂叶　1片

食盐　1/2小勺
胡椒粉　少许
橄榄油　1大勺
酸奶油或者普通酸奶　2大勺
莳萝（可无）　适量

point

将牛肉薄片切成小片，这样熟得快。

做法

① 牛肉（薄片）切成3cm宽的小片，裹上低筋粉。洋葱切成薄片。胡萝卜切成5mm厚的扇形片。土豆去皮切小块，大头菜去叶，切成5mm宽的丝。

② 锅内倒入橄榄油，小火加热，倒入洋葱翻炒至变软。加入牛肉翻炒，待变色后，将步骤1中剩余食材倒入，继续翻炒。

③ 全部食材过油后，倒入Ⓐ，煮沸，撇出浮沫。加盖，调至小火，炖煮15分钟。撒食盐、胡椒粉调味。

④ 盛出，倒酸奶油点缀，可再放莳萝点缀。

简单德式泡菜风羹汤

德式泡菜是将圆白菜腌渍发酵制成的。
在家里，我们只需用西洋醋就能轻松做出德式泡菜汤。

point

将圆白菜炒至体积减小一半，炒出甜味后，加维也纳香肠、水炖煮。

材料   2人份

维也纳香肠　4根
圆白菜　1/8个
洋葱　1/4个
白葡萄酒醋或者食醋　2大勺
水　400ml
芥末籽　1大勺
食盐、胡椒粉　各少许
橄榄油　1大勺
百里香（可无）　适量

做法

1. 维也纳香肠斜切半。圆白菜切丝。洋葱切成薄片。
2. 锅内倒入橄榄油，小火加热，放入洋葱炒至变软。倒入白葡萄酒醋煮开，放入圆白菜翻炒至体积减半。放入维也纳香肠，加水。加盖，调至小火，炖煮10分钟左右。
3. 向步骤2中加入芥末籽，充分搅拌。撒食盐、胡椒粉调味。盛出，可撒百里香点缀。

韩式土豆汤

由猪肋肉和土豆一起制成韩国火锅料理，
轻轻松松一变身，就成了美味的羹汤。

材料　2人份

猪肋肉　80g
土豆　1/2个
大葱（葱白部分）　1/2根
水　400ml
酒　50ml

A
韩国辣酱　1大勺
酱油　1/2大勺
砂糖　1/2大勺
蒜泥　1/2小勺
姜末　1/2小勺

B
芝麻酱（白）　1大勺
辣椒粉　1/2小勺

芝麻油　1大勺
小葱葱花　少许
熟芝麻（白）　少许

18

point

把肉切成薄片，土豆切成
小块。这样可以大大缩短
烹饪时间。

做法

1. 猪肋肉切成2~3cm宽的片。土豆去皮，切成边长2cm的小块。大葱斜切成薄片。

2. 锅内倒入芝麻油，小火加热，放入大葱翻炒。将步骤1中的其他食材倒入锅内，翻炒至猪肉变色。加水、酒。煮开后，撇出浮沫。加入 **A**，加盖，调至小火炖煮20分钟左右。土豆变软后，加入 **B**，充分混合。

3. 盛出，撒上小葱葱花和熟芝麻（白）点缀。

韩式参鸡汤

韩国的药膳汤是由全鸡制成的。在家里，我们只用鸡翅也能轻轻松松地做出这样的美味。

材料	2人份

鸡翅或者做完清汤剩下的鸡翅（见第5页做法）　6个

大葱　1根

生姜　2片

大蒜　1瓣

鸡肉清汤（见第5页做法）

或者用鸡骨汤料（颗粒）冲泡而成的汤　400ml

米饭　50g

食盐　约2撮

胡椒粉　少许

芝麻油　1大勺

枸杞　适量

*如果用鸡骨汤料做清汤，注意根据咸淡控制食盐的用量。

做法

1. 大葱斜切成5mm厚的片。生姜、大蒜切薄片。

2. 锅内倒入芝麻油、生姜、大蒜，小火加热，待飘出香味后，放入大葱，炒至变软。放入鸡翅、鸡肉清汤、米饭，煮沸，撇出浮沫。加盖，调至小火炖煮30分钟左右（若用做完鸡肉清汤剩下的鸡翅，炖煮10分钟左右）。撒食盐、胡椒粉调味。

3. 盛出，撒上枸杞点缀。

point

使用味道鲜美、易于处理的鸡翅。

用蒸熟的米饭，可以大大缩短烹饪时间。

泰国青咖喱羹汤

配上椰奶浓郁香醇的口感，给自己一个不一样的味
觉体验。

材料 2人份

鸡腿肉1/2片　灯笼椒（红）1/2个
泰国青咖喱酱1大勺　椰奶（罐装）1/2罐（200ml）
Ⓐ（水200ml　玉米尖4根）Ⓑ（鱼露1/2小勺　砂糖
1/2小勺）　橄榄油1大勺

做法

① 鸡腿肉去除多余的脂肪，切成小块。灯笼椒去
　蒂，去籽，切成边长2cm的块。

② 锅内倒入橄榄油，小火加热，放入鸡腿肉，煎
　至两面金黄。放入泰国青咖喱酱，炒出香味。
　倒入椰奶，调至中火，炖煮至水油分离。

③ 加入Ⓐ、灯笼椒，加盖，调至小火，炖煮10分
　钟左右。加入Ⓑ调味。

20

新加坡肉骨茶风羹汤

新加坡料理中烂乎乎的猪肋肉，在羹汤中也美味异常。

材料 2人份

猪肋肉200g　食盐、胡椒粉各适量　大蒜1瓣　水600ml
Ⓐ（八角1~2个　肉桂粉、公丁香粉各少许　酱油1
小勺）

做法

① 猪肋肉切成边长2cm的小
　块，撒少许食盐、胡椒粉。
　大蒜用刀腹拍碎。

② 锅内倒入水、猪肉，调至中
　火，煮沸，撇出浮沫。放入
　Ⓐ、大蒜，加盖，调至小火，
　炖煮40~50分钟至猪肉变软。
　撒少许食盐、胡椒粉调味。

*若制作过程中汤汁不够了，请加入
适量鸡肉清汤（见第5页做法）或者
用鸡骨汤料（颗粒）冲泡而成的汤。

Check

香辛料

八角常用于中餐（如图右
上）。肉桂具有独特的香
甜味道（如图左上）。公
丁香具有刺激性、清爽的
香味（如图下方），可以
将三者混合使用。

土豆炖肉羹汤

甜辣的羹汤和香喷喷的白米饭非常配。

材料 | 2人份

肉末80g　土豆1/2个　洋葱1/4个　荷兰豆4枚
鸡肉清汤（见第5页做法）或者用鸡骨汤料（颗粒）
冲泡而成的汤300ml　Ⓐ（酱油2小勺　砂糖1小勺
生姜末1小勺）和好的淀粉（淀粉2小勺　水2小勺）
食盐约1/4小勺　胡椒粉少许　色拉油1大勺　食盐
（用于配制盐水）适量

*如果用鸡骨汤料做清汤，注意根据咸淡控制食盐的用量。

做法

1. 土豆去皮，切成边长2cm的小块。洋葱切成边长
   1cm的小块。荷兰豆用盐水煮熟，去筋，斜切丝。
2. 锅内倒入色拉油，小火加热，放入肉末、洋葱翻
   炒至肉变色。放入土豆翻炒，待全部食材过油后，
   倒入鸡肉清汤，煮沸，撇去浮沫。放入Ⓐ，充分
   混合，倒入和好的淀粉勾芡。撒食盐、胡椒粉调
   味。放上荷兰豆丝点缀。

羹汤

猪肉韭菜馄饨汤

饥饿的时候，强力推荐本款汤。

材料 | 2人份

猪肉馅40g　韭菜2棵　食盐、胡椒粉各少许　馄饨皮
8片　鸡肉清汤（见第5页做法）或者用鸡骨汤料（颗
粒）冲泡而成的汤 400ml　Ⓐ（食醋1小勺　酱油1小
勺　食盐1/4小勺）辣油少许

*如果用鸡骨汤料做清汤，注意根据咸淡控制食盐的用量。

做法

1. 韭菜切成5mm的小段，和
   猪肉馅一起装进碗中。撒食
   盐、胡椒粉，充分搅拌至产
   生黏性。
2. 将步骤1均匀地放到馄饨皮
   上，按右侧要点包好。
3. 锅内倒入鸡肉清汤，加热，
   加入Ⓐ调味。待煮开后，放
   入步骤2，煮至馄饨浮起，关
   火，盛出，洒上辣油点缀。

Point

将馅儿放到馄饨皮中
央，横向对折，上半部
折弯。如图所示，将左
右两边的下侧部分粘起
来，用水固定住。

21

Part 1

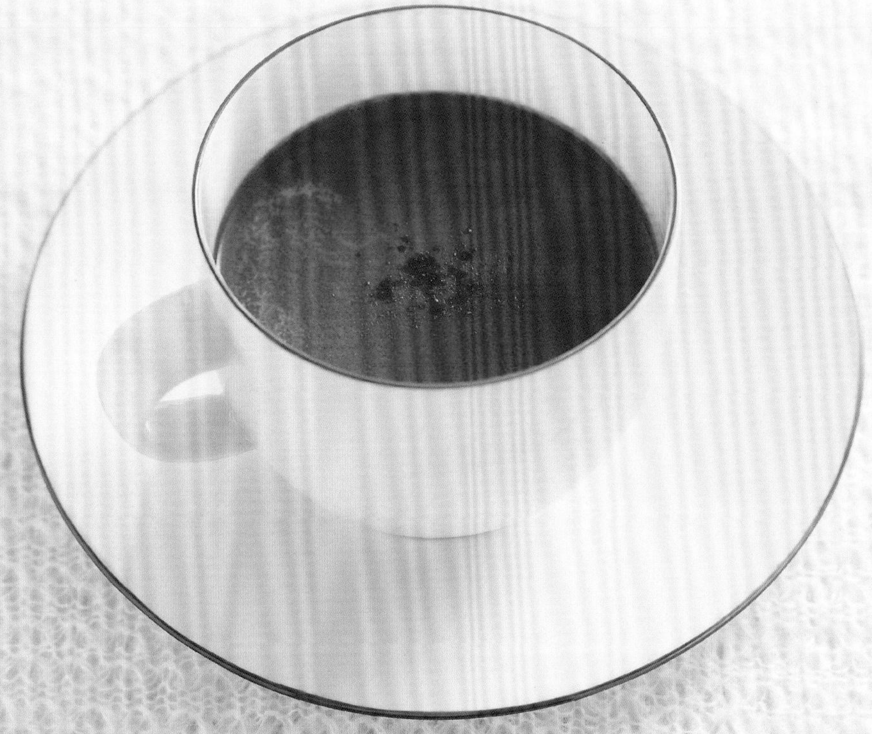

鱼贝类

这是用鱼段、虾、贝等易于处理的食材，和海藻一起烹饪而成的美味羹汤。接下来将介绍这些海鲜羹汤的做法。

羹汤 18

虾味海鲜汤

浓缩了虾的鲜美，满满的都是浓厚的香味。
这是一款色泽亮丽的美味汤。

材料 2人份

虾（有头） 250g
- Ⓐ 洋葱 1/4个
- Ⓐ 西芹 1/4根
- Ⓐ 胡萝卜 1/4根

西红柿 1个
大蒜 1瓣
白兰地酒或者白葡萄酒 2大勺
水 200ml
鲜奶油 100ml
食盐 少许
橄榄油 1大勺
卡宴辣椒粉（可无） 少许

point

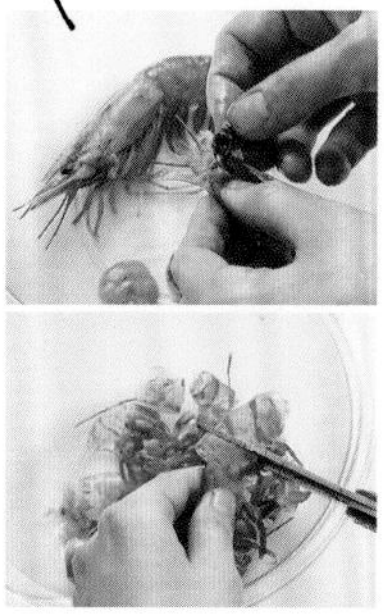

除去虾的背肠、虾头中的黑色沙囊，以保证虾干净无泥沙。用厨房剪刀将虾剪成小块。

做法

1. 掰掉虾头，剥开虾皮，去除虾线。用剪刀将头和虾皮剪成小块，虾身剪成2cm宽的小块。将Ⓐ切碎。西红柿去蒂，切成边长2cm的块。大蒜用刀腹拍碎。
2. 锅内倒入橄榄油、大蒜，小火加热，待香味飘出后，加入Ⓐ，调至中火，翻炒至变软。放入虾头、虾皮，翻炒。
3. 倒入白兰地酒煮沸，待酒精挥发后，放入西红柿，压碎，翻炒。加水，煮开，撇出浮沫，放入虾身。加盖，调至小火炖煮10分钟左右。
4. 将步骤3倒入榨汁机中轻榨，用小孔过滤器过滤，若过滤器中有虾皮等残留，用硅胶刮刀捋净，直至没有剩余水分。重新倒入锅内，加鲜奶油，充分混合。撒食盐调味。盛出，可撒卡宴辣椒粉点缀。

鳕鱼土豆番红花羹汤

清淡的鳕鱼和浓郁的番红花相得益彰。
将番红花先煎一下再烹饪，味道会更好。

point

材料　2人份

鳕鱼　1段
食盐　适量
低筋粉　1/2大勺
洋葱　1/4个
土豆　1/2个
圣女果　8个
番红花　1撮
鸡肉清汤（见第5页做法）
或者用鸡骨汤料（颗粒）冲泡而成的汤
400ml
胡椒粉　少许
橄榄油　2大勺

*如果用鸡骨汤料做清汤，注意根据咸淡控
制食盐的用量。

番红花中的色素成分能溶
于水。所以将番红花先浸
泡在清汤中，待颜色充分
析出后再进行烹饪。

做法

① 鳕鱼段横切成四等份。两面均匀撒上盐，腌
渍10分钟左右，用纸巾擦干水分，裹上薄薄
一层低筋粉。洋葱切成薄片，土豆去皮，切
成边长2cm的块。圣女果去蒂。番红花干煎，
取出，用手碾碎，泡进清汤中。

② 锅内倒入一半橄榄油，小火加热，放入鳕鱼，
煎至两面金黄，盛出。倒入剩余的橄榄油，
放入洋葱，翻炒至变软。放入土豆，翻炒至
全部过油。放入圣女果快速翻炒。

③ 倒入混有番红花的鸡肉清汤，煮沸，撇出浮
沫，放入鳕鱼。加盖，调至小火炖煮20分钟
左右。撒少许食盐、胡椒粉调味。

虾仁水芹羹汤

虾仁的鲜美同水芹淡淡的苦涩相辅相成。
鱼露的加入更增添了几抹亚洲风情。

虾仁　100g
水芹　1/2束
大葱　1/4根
大蒜（切碎末）　1瓣

A
　水　300ml
　鱼露或鱼酱油　1小勺
　食盐　1/4小勺
　砂糖　1/2小勺
　淀粉　2小勺
　水　2小勺
橄榄油　1大勺

Check

鱼露和鱼酱油

鱼露（照片左）是泰国的一种
鱼酱，具有独特的鲜味和风味。
鱼酱油（照片右）是越南生产
的一种鱼酱，味道比鱼露稍甜，
它是越南富国岛远近闻名的特
产，咸味和甜味搭配得刚刚好。

做法

①　水芹去除茎部坚硬部分，切碎。虾仁切碎。
　　大葱也切碎。

②　锅内倒入橄榄油、蒜末，小火加热。待香味
　　飘出后，放入虾、大葱，翻炒至虾变色。

③　倒入 **A**，煮开，撇去浮沫。倒入事先和好的淀
　　粉（淀粉+水）勾芡，放入水芹，迅速炖煮。

越南风味花蛤羹汤

鱼酱油增添了适宜的咸味和独特的风味。

材料　2人份

花蛤（带壳，无沙）200g　水400ml　鱼酱油或者
鱼露1/2小勺　食盐1/4小勺　熟芝麻（白）1大勺
香菜适量　酸橙（纵向切块）1/4个

做法

①　花蛤用水仔细洗净。锅内倒入水、花蛤，加
　　盖，调至中火，煮至花蛤开口。

②　加鱼酱油、食盐调味。盛出，撒上熟芝麻、
　　香菜，盘内放酸橙点缀。

青海苔油炸豆腐羹汤

青海苔的鲜香和风味，吃起来让人心满意足。

材料　2人份

青海苔2撮　油炸豆腐1/2块　生姜1片（切丝）
鸡肉清汤（见第5页做法）或者用鸡骨汤料（颗粒）
冲泡而成的汤 300ml　酱油1/2小勺　食盐约1/4小
勺　胡椒粉少许　芝麻油1大勺

*如果用鸡骨汤料做清汤，注意根据咸淡控制食盐的用量。

做法

①　油炸豆腐切成边长1.5cm
　　的小块。

②　锅内倒入芝麻油，小火加
　　热，放入生姜翻炒出香
　　味。放入步骤1，快速翻
　　炒，倒入鸡肉清汤，煮
　　沸。加入青海苔。加酱
　　油、食盐、胡椒粉调味。

point

在最后收尾阶段放入青
海苔，这样才能完整地
保留青海苔的风味。

→ 鸡蛋、芝士、豆腐类

· · · · · · · · ·

这些食材都是冰箱里的常客，所以当你想做汤的时候，立刻就能拿出食材，做出一锅美味羹汤。

荷包蛋培根羹汤

黏稠的鸡蛋羹汤入口即化，回味无穷。

材料 2人份

鸡蛋2个　培根20g　生菜叶2片
鸡肉清汤（见第5页做法）或者用鸡骨汤料（颗粒）冲泡而成的汤 400ml
食盐1/2小勺　胡椒粉少许

*如果用鸡骨汤做清汤，注意根据咸淡控制食盐的用量。

做法

① 将鸡蛋打进容器内。培根切成1cm长的片，生菜叶用手撕碎。

② 锅内倒入鸡肉清汤、培根，加热煮沸。撒食盐、胡椒粉调味。

③ 将步骤1中的鸡蛋缓缓倒入锅内，待鸡蛋清凝固后，加生菜叶。

point

在汤沸腾的时候，将鸡蛋一个一个地轻轻倒入锅内。

莫扎里拉奶酪
西红柿羹汤

莫扎里拉奶酪和西红柿味道非常相配。

材料 2人份

莫扎里拉奶酪（小）6个　洋葱1/4个　大蒜1瓣　西红柿（水煮罐头、块状罐头）1/2罐（200g）
鸡肉清汤（见第5页做法）或者用鸡骨汤料（颗粒）冲泡而成的汤 200ml　食盐1/2小勺　胡椒粉少许
罗勒碎末适量　橄榄油1大勺

*如果用鸡骨汤料做清汤，注意根据咸淡控制食盐的用量。

做法

① 洋葱、大蒜切碎。

② 锅内倒入橄榄油、大蒜，小火加热，炒出香味。放入洋葱，翻炒至变软。加入西红柿、鸡肉清汤，煮沸，撇去浮沫，调至小火炖煮5分钟左右。撒食盐、胡椒粉调味。

③ 盛出，撒莫扎里拉奶酪、罗勒点缀。

26

豆腐韭菜
辣白菜羹汤

韩国人气超强的豆腐汤，一碗下肚，身子也暖和起来了。

材料　2人份

豆腐1/3块（100g）　韭菜1/4束　辣白菜100g
猪肉末60g　水300ml　酱油1小勺
食盐、胡椒粉各少许　芝麻油1大勺　熟芝麻
（白）少许

做法

① 韭菜切成1cm长的小段，辣白菜切成大块。

② 锅内倒入芝麻油，小火加热，放入猪肉末，
炒至变色。放入步骤1，迅速翻炒，加水、
酱油，煮沸，撇去浮沫，调至小火。撒食
盐、胡椒粉调味。

③ 用勺将豆腐舀到锅内，迅速炖煮片刻。盛
出，撒上熟芝麻点缀。

酸辣汤

恰到好处的酸味和恰到好处的辣味，相得益彰。

材料　2人份

嫩豆腐1/3块（100g）　木耳（小）4片　胡萝卜1/4根
猪肉末50g　鸡肉清汤（见第5页做法）或者用鸡骨
汤料（颗粒）冲泡而成的汤 400ml
食盐约1/4小勺　醋1大勺　和好的淀粉（淀粉1/2大
勺 水1/2大勺）
鸡蛋1个　芝麻油1大勺　辣油少许

*如果用鸡骨汤料做清汤，注意根据咸淡控制食盐的用量。

做法

① 嫩豆腐切成边长1cm的小块。木耳用温水泡30分
钟左右，切丝。胡萝卜切丝。

② 锅内倒入芝麻油，小火加热，放入猪肉末、胡萝
卜，翻炒至猪肉末变色。倒入鸡肉清汤，煮沸，
撇去浮沫。放入嫩豆腐、木耳，炖煮3~4分钟。

③ 加食盐、醋调味。倒入用水和好的淀粉勾芡。将
打好的鸡蛋均匀淋入，待松软浮起后，关火。盛
出，滴辣油点缀。

意大利面食、米饭、杂粮类

在羹汤中加入意大利面食和米饭，吃起来别有一番滋味。尽量选择不耗时的意大利短面，这样就能又快又好地做出羹汤了。

芦笋培根奶油通心粉羹汤

通心粉无需炖煮，直接放入，让羹汤的鲜美浸入其中。

材料　2人份

短通心粉40g　培根40g　新鲜芦笋2根　鸡肉清汤（见第5页做法）或者用鸡骨汤料（颗粒）冲泡而成的汤 500ml　鲜奶油50ml　食盐、胡椒粉各少许　橄榄油1大勺

*如果用鸡骨汤料做清汤，注意根据咸淡控制食盐的用量。

做法

① 培根切成5mm宽的条。芦笋掰掉比较老的部分，削去外部老皮，切成3cm长的段。

② 锅内倒入橄榄油，小火加热，放入步骤1，翻炒至全部食材过油。倒入鸡肉清汤，煮沸，撇去浮沫。从小火调至中火，加入短通心粉，按照包装袋上的说明继续炖煮。

③ 加入鲜奶油，略微炖煮片刻。撒食盐、胡椒粉调味。

橄榄西红柿蝴蝶形通心粉羹汤

西红柿风味的羹汤里加上几颗黑橄榄，就是意大利风味料理中数一数二的佳品。

材料　2人份

蝴蝶形通心粉40g　Ⓐ［黑橄榄（去核）8个　西红柿（水煮罐头、块状罐头）1/2罐（200g）　鸡肉清汤（见第5页做法）或者用鸡骨汤料（颗粒）冲泡而成的汤300ml］食盐、胡椒粉各少许　意大利香芹碎适量

*如果用鸡骨汤料做清汤，注意根据咸淡控制食盐的用量。

做法

① 锅内倒入Ⓐ，煮沸，撇去浮沫。加入蝴蝶形通心粉，按照包装袋上的说明，小火炖煮。

② 撒食盐、胡椒粉调味。盛出，撒上意大利香芹碎点缀。

Check

蝴蝶形通心粉

蝴蝶形状的短通心粉。中间厚的部分有嚼劲，两侧薄的部分质地柔软。所以在吃蝴蝶形通心粉的时候，可以享受到两种完全不同的口感。

小沙丁鱼羹汤饭

这是一款类似茶泡饭的汤品。在食用前浇上汤汁刚刚好。

材料 2人份

米饭140g　日式汤汁400ml　芝麻酱（白）1大勺　食盐1/2小勺　小沙丁鱼50g　熟芝麻（白）少许　山姜（切细丝）1根　青紫苏（切细丝）6片

做法

① 在少量日式汤汁内溶入芝麻酱，将剩余日式汤汁倒入锅内，加热。加入溶好的芝麻酱，搅拌，撒食盐调味。

② 米饭盛出，浇上步骤1。铺好小沙丁鱼，撒上少许熟芝麻，放上山姜、青紫苏点缀。

point

将芝麻酱溶入少量日式汤汁中，仔细搅拌，一定不要结疙瘩，然后才可以倒入锅内。

根菜杂粮羹汤

味道丰富，健康营养。还能补充膳食纤维。

材料 2人份

五谷杂粮1袋（30g）　莲藕1/4节　牛蒡1/3根　胡萝卜1/4根　洋葱1/4个　鸡肉清汤（见第5页做法）或者用鸡骨汤料（颗粒）冲泡而成的汤 400ml　食盐1/2小勺　胡椒粉少许　橄榄油1大勺

*如果用鸡骨汤料做清汤，注意根据咸淡控制食盐的用量。

做法

① 莲藕去皮，牛蒡刮皮。莲藕、牛蒡、胡萝卜、洋葱均切成边长1cm的小块。五谷杂粮倒入鸡肉清汤中，浸泡30分钟左右。

② 锅内倒入橄榄油，小火加热，放入蔬菜，翻炒至全部过油。加入步骤1中的杂粮、鸡肉清汤，煮沸，撇去浮沫。调至小火炖煮20分钟左右，撒食盐、胡椒粉调味。

point

五谷杂粮无需清洗，直接倒入鸡肉清汤中浸泡即可。

Part 2

///////////////////////////////

浓汤

浓汤的魅力就在于它丝滑的口感和温和的味道。接下来将介绍23款美味浓汤。南瓜、玉米 、红薯、芦笋等，根据个人喜好挑选不同的应季蔬菜，做出各式各样的美味浓汤供家人享用。大部分浓汤还可以冷冻保存。将糨糊状的浓汤冷冻保存后，只需倒上牛奶等再加热就可以重现美味了。

➡ 基本浓汤

接下来将介绍基本浓汤的制作方法。
掌握了基本浓汤的做法后，就能驾驭各式各样的浓汤了。

浓汤
01

蔬菜浓汤

由土豆、胡萝卜、洋葱三种美味食材精心调制而成的浓汤。

材料	2人份

土豆　1个（150g）
胡萝卜　1/2根（80g）
洋葱　1/4个（50g）
鸡肉清汤（见第5页做法）或者用鸡骨汤料
（颗粒）冲泡而成的汤　150ml
牛奶　100ml
食盐　2撮（根据鸡骨汤料的多少调整用量）
橄榄油　1大勺
粗磨黑胡椒　少许

做法

① 切蔬菜

土豆削皮，纵向切半，切成5mm厚的片，过冷水去除淀粉。胡萝卜切成5mm厚的扇形片。洋葱切成薄片。

② 翻炒

锅内倒入橄榄油，小火加热，放入洋葱，调至中火，翻炒至洋葱变软。依次放入胡萝卜、土豆，翻炒。

③ 炖煮

全部食材过油后，倒入鸡肉清汤，煮沸，撇去浮沫。加盖，调至小火，炖煮约15分钟。

④ 转移至榨汁机

放凉，倒入榨汁机中。

⑤ 榨至糊状

将食材榨至柔滑的糊状。

⑥ 倒入牛奶加热

重新倒回锅内，加牛奶，小火加热。撒食盐调味。盛出，撒粗磨黑胡椒。

浓汤的保存方法

糊糊状（制作方法5）的浓汤即可冷冻保存。做多了也无妨，冷冻起来即可。需要的时候便取出来，轻轻松松就能又做出一道美味浓汤。

☐ 保存方法

可以先将保鲜袋套在计量杯杯口，方便后续装袋。将糊糊注入保鲜袋中，冷冻保存。

*若冷冻保存，可以保存1个月左右。若冷藏保存，请在3天内尽快用完。

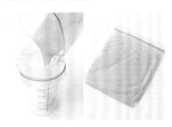

☐ 解冻方法

可以放到冰箱冷藏室里自然解冻，也可以将保鲜袋放到装水的碗里解冻。

*若不加解冻直接放入锅内加热，会烧糊。

*除第47页的豆腐芝麻浓汤外，本书中所介绍的浓汤均可冷冻保存。

浓汤

→ 蔬菜类

下面介绍的17款温热浓汤里，饱含着蔬菜的鲜美，温温润润，令人流连。

浓汤
02

南瓜浓汤

浓汤里弥漫着温和的甜味。
敬请品尝一整个南瓜带来的美味盛宴。

材料	2人份

南瓜　1/8个（150g）
洋葱　1/4个（50g）
水　150ml
牛奶　100ml
食盐　2撮
胡椒粉　少许
橄榄油　1大勺
南瓜籽　适量

做法

1. 南瓜去皮，去籽，去瓤，切成片。洋葱切成薄片。

2. 锅内倒入橄榄油，小火加热，放入洋葱，调至中火，翻炒至洋葱变软，加入南瓜，继续翻炒。全部食材过油后，加水煮沸，加盖，调至小火炖煮15分钟左右。

3. 放凉，倒入榨汁机中，榨至柔滑。重新倒回锅内，加牛奶，加热。撒食盐、胡椒粉调味。盛出，放上南瓜籽点缀。

西红柿浓汤

西红柿无需去皮，去籽。
盐曲的浓郁和西红柿的酸甜搭配在一起，
孕育出一种独特的美味。

point

加入少许盐曲后，即使不加鸡肉清汤，味道也会很浓郁，美味异常。

材料 2人份

西红柿　2个（300g）
洋葱　1/4个（50g）
水　100ml
牛奶　100ml
盐曲　约1大勺
胡椒粉　少许
橄榄油　1大勺
罗勒（可无）　适量

check

盐曲

盐曲是将食盐和曲子加水调和，发酵而成的一种日本传统发酵调味料。很适合西红柿、大头菜等蔬菜。盐曲不仅有咸味，还有曲子的鲜味，在浓汤里加一点盐曲，能使味道更加浓郁香醇。

做法

1. 西红柿去蒂，切成大块。洋葱切成薄片。
2. 锅内倒入橄榄油，小火加热，放入洋葱，调至中火，翻炒至洋葱变软。放入西红柿，迅速翻炒。加水煮沸，加盖，调至小火，炖煮10分钟左右。
3. 放凉，倒入榨汁机中，榨至柔滑。重新倒回锅内，加牛奶，加热。加盐曲、胡椒粉调味。盛出，可放上罗勒点缀。

35

玉米浓汤

浓汤充分利用了新鲜玉米的甘甜和香脆的口感。
经过翻炒，玉米的甜味便在锅内洋溢。
若不喜欢粗纤维，在最后过滤掉就可以了。

材料　2人份

玉米　1根（净重150g）
洋葱　1/4个（50g）
水　150ml
牛奶　100ml
食盐　2撮
胡椒粉　少许
橄榄油　1大勺
炸面包丁（市售）　适量

做法

1. 玉米横向切半，用菜刀将玉米粒切下，去芯。洋葱切成薄片。

2. 锅内倒入橄榄油，小火加热，放入洋葱，调至中火，翻炒至洋葱变软。放入玉米粒翻炒。待全部食材过油后，放入玉米芯，加水煮沸，加盖，调至小火炖煮15分钟左右。

3. 放凉，取出玉米芯，将剩余食材倒入榨汁机中，榨至柔滑。重新倒回锅内，加牛奶，加热。撒食盐、胡椒粉调味。盛出，放上炸面包丁点缀。

point

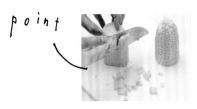

在用刀削落玉米粒的过程中，可以在芯上留少许玉米粒。尽量只将柔软的玉米粒削下来，不要带有玉米芯。

翻炒玉米粒之后，一定要将玉米芯也一同放入锅内炖煮。这样可以增加甜味。

芦笋浓汤

清爽的口感。
芦笋清爽的香味在口中蔓延。

做法

材料 2人份

新鲜芦笋　5根（150g）
土豆　1/2个（75g）
洋葱　1/4个（50g）
鸡肉清汤（见第5页做法）或者用鸡骨汤料（颗粒）冲泡而成的汤　150ml
牛奶　100ml
食盐　2撮
胡椒粉　少许
橄榄油　1大勺
芝士粉　适量

*如果用鸡骨汤料做清汤，注意根据咸淡控制食盐的用量。

point

如果用芦笋做浓汤，汤内很容易留下粗纤维。可以像图中所示的那样，在更加靠上的地方，用削皮器削去厚厚一层，这样一来，口感就大大提升了。

1. 芦笋掰掉比较老的部分，削皮，切成3cm长的段。土豆去皮，切半，切成5mm厚的片，过冷水去除淀粉。洋葱切成薄片。

2. 锅内倒入橄榄油，小火加热，放入洋葱，调至中火，翻炒至洋葱变软。依次放入芦笋、土豆翻炒。待全部食材过油后，倒入鸡肉清汤煮沸，加盖，调至小火，炖煮15分钟左右。

3. 放凉，倒入榨汁机中，榨至柔滑。重新倒回锅内，加入牛奶，加热。撒食盐、胡椒粉调味。盛出，撒芝士粉点缀。

红灯笼椒浓汤

玉米的香甜让灯笼椒的酸味愈加突出。
色泽鲜亮，健康美味。

材料　2人份

灯笼椒（红）1/2个（75g）　玉米粒（罐头）50g
洋葱1/4个（50g）　水100ml　牛奶100ml　食盐
2撮　胡椒粉少许　橄榄油1大勺　雪维菜（可
无）适量

做法

① 灯笼椒去蒂，切成大块。洋葱切成薄片。

② 锅内倒入橄榄油，小火加热，放入洋葱，调
至中火，翻炒至洋葱变软。放入灯笼椒、沥
干水分的玉米粒，翻炒。待全部食材过油
后，加水煮沸，加盖，调至小火，炖煮15分
钟左右。

③ 放凉，倒入榨汁机中，榨至柔滑。重新倒回
锅内，加牛奶，加热。撒食盐、胡椒粉调
味。盛出，可放上雪维菜点缀。

西蓝花浓汤

只利用花球部分。
配上饱含风味、香郁浓醇的豆浆，味道更加诱人。

材料　2人份

西蓝花1/2株（100g）　洋葱1/2个（100g）　鸡肉清
汤（见第5页做法）或者用鸡骨汤料（颗粒）冲泡而
成的汤 100ml　豆浆100ml　食盐2撮　胡椒粉少许
橄榄油1大勺　粉红胡椒（可无）适量

*如果用鸡骨汤料做清汤，注意根据咸淡控制食盐的用量。

做法

① 西蓝花掰成小块，削去茎部外皮，切薄片。洋葱
切成薄片。

② 锅内倒入橄榄油，小火加热，放入洋葱，调至中
火，翻炒至洋葱变软。放入西蓝花继续翻炒，待
全部食材过油后，倒入鸡肉清汤，煮沸。加盖，
调至小火，炖煮10分钟左右。

③ 放凉，倒入榨汁机中，榨至柔滑。重新倒回锅
内，加豆浆，加热。撒食盐、胡椒粉调味。盛
出，可撒粉红胡椒点缀。

大头菜浓汤

经过炖煮的大头菜变得柔软可口。
可加入少许盐曲提味。

材料 2人份

大头菜2个（160g） 洋葱1/2个（100g） 培根适量
水100ml 牛奶100ml 盐曲约1大勺 胡椒粉少许 橄
榄油1大勺

做法

1. 大头菜切成5mm厚的扇形切片。洋葱切成薄片。培
   根切成边长5mm的小片。用煎锅煎至酥脆。
2. 锅内倒入橄榄油，小火加热，放入洋葱，调至中
   火，翻炒至洋葱变软。放入大头菜，迅速翻炒。加
   水煮沸，加盖，调至小火，炖煮10分钟左右。
3. 放凉，倒入榨汁机中，榨至柔滑。重新倒回锅内，
   加牛奶，加热。撒盐曲、胡椒粉调味。盛出，点缀
   上步骤1中的培根。

菜花浓汤

只需加入少许奶油奶酪，便能让味道久久徘徊在唇
齿间，回味无穷。

材料 2人份

菜花1/4个（150g） Ⓐ[洋葱1/4个（50g） 西芹1/4
根（25g）] 奶油奶酪30g 牛奶100ml 鸡肉清汤
（见第5页做法）或者用鸡骨汤料（颗粒）冲泡而成的
汤150ml 食盐2撮 橄榄油1大勺 粗磨黑胡椒少许
*如果用鸡骨汤料做清汤，注意根据咸淡控制食盐的用量。

做法

1. 菜花掰成小块，将Ⓐ切成薄片。将奶油奶酪溶入
   少量牛奶中，避免结块。
2. 锅内倒入橄榄油，小火加热，放入Ⓐ，调至中
   火，翻炒至变软。加热菜花，继续翻炒。待全部
   食材过油后，倒入鸡肉清汤煮沸，加盖，调至小
   火，炖煮15分钟左右。
3. 放凉，倒入榨汁机中，榨至柔滑。重新倒回锅
   内，加入剩余牛奶、步骤1中的奶油奶酪，加热，
   撒食盐调味。盛出，撒粗磨黑胡椒点缀。

西洋菜浓汤

绿色的浓汤里香味满溢。
将西洋菜的清香原原本本地保留下来的秘诀是，
按顺序放入西洋菜的茎、叶。

材料 2人份

西洋菜　2束（100g）
土豆　1/2个（75g）
洋葱　1/4个（50g）
鸡肉清汤（见第5页做法）或者用鸡骨汤料（颗粒）冲泡而成的
汤　150ml
牛奶　100ml
食盐　2撮
胡椒粉　少许
橄榄油　1大勺

*如果用鸡骨汤料做清汤，注意根据咸淡控制食盐的用量。

做法

① 将西洋菜的叶和茎分开，分别切碎。土豆去皮，切半，再切成5mm厚的片，过冷水去除淀粉。洋葱切成薄片。

② 锅内倒入橄榄油，小火加热，放入洋葱，调至中火，翻炒至洋葱变软。加入步骤1中西洋菜的茎、土豆，继续翻炒。待全部食材过油后，倒入鸡肉清汤煮沸，加盖，调至小火，炖煮10分钟左右。加入西洋菜的叶，迅速煮好。

③ 放凉，倒入榨汁机中，榨至柔滑。重新倒回锅内，加牛奶，加热。撒食盐、胡椒粉调味。

point

西洋菜的茎不易炒熟，所以要先放到锅里翻炒，最后再放入易熟的叶。这样一来，既保住了青翠的颜色，又留下了食材独特的风味。

浓汤

11

蘑菇浓汤

多种蘑菇相互搭配，相互调和，愈发鲜美。
奶油般浓郁松软的风味，让这款浓汤大受欢迎。

材料　2人份

新鲜香菇　4个（60g）
杏鲍菇、蟹味菇　各1/2袋（50g）
土豆　1/2个（75g）
洋葱　1/4个（50g）
鸡肉清汤（见第5页做法）或者用鸡骨
汤料（颗粒）冲泡而成的汤　100ml
牛奶　100ml
鲜奶油　50ml
食盐　2撮
胡椒粉　少许
橄榄油　1大勺
鲜奶油（八分打发，装饰用）　适量

*如果用鸡骨汤料做清汤，注意根据咸淡控制食
盐的用量。

point

鲜奶油和蘑菇是一对极
其相配的组合。做出来
的浓汤，味道温和，香
气浓郁。

做法

① 香菇去根，切成薄片。杏鲍菇切成5mm厚的片。蟹味菇去根，掰成小块。土豆去皮，切半，切成5mm厚的片，过冷水去除淀粉。洋葱切成薄片。

② 锅内倒入橄榄油，小火加热，放入洋葱，调至中火，翻炒至洋葱变软。放入土豆，继续翻炒。待全部食材过油后，放入蘑菇翻炒。

③ 炒至蘑菇盖塌软，倒入鸡肉清汤，煮沸，加盖，调至小火，炖煮15分钟左右。

④ 放凉，倒入榨汁机中，榨至柔滑。重新倒回锅内，加牛奶、鲜奶油，加热，撒食盐、胡椒粉调味。盛出，点缀上打发的鲜奶油。

红薯浓汤

味道微甜，还能产生饱腹感。
是一款老少皆宜的美味浓汤。

材料 2人份

红薯1个（200g） 洋葱1/4个（50g） 水100ml 牛奶
100ml 食盐2撮 胡椒粉少许 橄榄油1大勺 板栗仁
碎末适量

做法

① 红薯去皮，切成5mm厚的扇形片。洋葱切成薄片。

② 锅内倒入橄榄油，小火加热，放入洋葱，调至中
  火，翻炒至洋葱变软。放入红薯，继续翻炒。待全
  部食材过油后，加水煮沸，加盖，调至小火，炖煮
  20分钟左右。

③ 放凉，倒入榨汁机中，榨至柔滑。重新倒回锅内，
  加牛奶，加热。撒食盐、胡椒粉调味。盛出，撒板
  栗仁碎末点缀。

大葱浓汤

记得慢慢翻炒，让蔬菜的香味缓缓溢出。
是用足量的大葱做出来的美味浓汤。

材料 2人份

大葱2根（200g） 土豆1/2个（75g） 大蒜1瓣 鸡
肉清汤（见第5页做法）或者用鸡骨汤料（颗粒）冲
泡而成的汤100ml 牛奶100ml 食盐2撮 胡椒粉少
许 橄榄油1大勺 小葱（横切）适量

*如果用鸡骨汤料做清汤，注意根据咸淡控制食盐的用量。

做法

① 大葱斜向切薄片。土豆去皮，切半，切成5mm
  厚的片，过冷水去除淀粉。大蒜切薄片。

② 锅内倒入橄榄油，小火加热，放入蒜片，翻炒
  出香味。放入大葱，小火慢慢炒至变软。放入
  土豆翻炒，过油，倒入鸡肉清汤，中火煮沸，
  加盖，调至小火，炖煮15分钟左右。

③ 放凉，倒入榨汁机中，榨至柔滑。重新倒回锅
  内，加牛奶，加热。撒食盐、胡椒粉调味。盛
  出，撒小葱点缀。

芋头浓汤

这款和式浓汤口感黏糯，味道鲜美。
余香在口中久久徘徊不散。

| 材料 | 2人份 |

芋头3个（150g）　大葱（葱白部分）50g　日式汤汁
150ml　豆浆100ml　食盐2撮　胡椒粉少许　色拉油1大
勺　熟芝麻（白）少许

| 做法 |

① 芋头去皮，分成6等份。大葱斜向切薄片。

② 锅内倒入色拉油，小火加热，放入大葱，调至中火，
翻炒至大葱变软。放入芋头，继续翻炒。待全部食
材过油后，倒入日式汤汁，煮沸，加盖，调至小火，
炖煮15分钟左右。

③ 放凉，倒入榨汁机中，榨至柔滑。重新倒回锅内，
加豆浆，加热。撒食盐、胡椒粉调味。盛出，撒熟
芝麻点缀。

莲藕浓汤

一碗下肚，心满意足。
绵柔的口感带来全新的浓汤体验。

| 材料 | 2人份 |

莲藕1/2节（90g）　土豆1/2个（75g）　洋葱1/4个
（50g）　日式汤汁150ml　豆浆100ml　食盐2撮　胡
椒粉少许　色拉油1大勺　熟芝麻（黑）少许

| 做法 |

① 莲藕、土豆去皮，切半，切成5mm厚的片，过冷
水去除淀粉。洋葱切成薄片。

② 锅内倒入色拉油，小火加热，放入洋葱，调至中
火，翻炒至洋葱变软。放入土豆、莲藕，继续翻
炒。待全部食材过油后，倒入日式汤汁，煮沸，
加盖，调至小火，炖煮15分钟左右。

③ 放凉，倒入榨汁机中，榨至柔滑。重新倒回锅
内，边加豆浆边小火拉丝。撒食盐、胡椒粉调
味。盛出，撒熟芝麻点缀。

43

Part 2

烤茄子浓汤

烤茄子+白豆酱+豆浆。
三种风味融合在一起就是最棒的味道。

材料	2人份

茄子　3根（240g）
大葱　1/2根（50g）
白豆酱　1小匙
鸡肉清汤（见第5页做法）或者用鸡骨汤料（颗粒）
冲泡而成的汤　100ml
豆浆　100ml
食盐、胡椒粉　各少许
色拉油　1大勺
姜丝　适量

*如果用鸡骨汤料做清汤，注意根据咸淡控制食盐的用量。

做法

① 茄子去蒂，皮上纵向划4~5道。用电烤箱烤至焦色，趁热去皮，用手撕开。大葱斜向切薄片。

② 锅内倒入色拉油，小火加热，放入大葱，调至中火，翻炒至大葱变软。放入步骤1中的烤茄子、白豆酱、鸡肉清汤，煮沸，加盖，调至小火，炖煮5分钟左右。

③ 放凉，倒入榨汁机中，榨至柔滑。重新倒回锅内，加豆浆，加热。撒食盐、胡椒粉调味。盛出，撒姜丝点缀。

point

将烤好的茄子拿到容器上方去皮（刚烤好的茄子温度很高，可以戴上医用手套等，以防烫伤），这样下方的容器还可以收集滴落的茄子汁。

炒完大葱后，将鲜美的烤茄子汁和茄子一同倒入锅内。

毛豆浓汤

是将和式汤汁和豆浆放在一起，调配出的浓香和式料理。

材料　2人份

毛豆（盐水煮、去荚、净重）100g　土豆1/2个（75g）　洋葱1/4个（50g）　日式汤汁150ml　豆浆100ml　食盐2撮　胡椒粉少许　色拉油1大勺

做法

1. 分出几个毛豆，用作装饰配品。土豆去皮，切半，切成5mm厚的片，过冷水去除淀粉。洋葱切成薄片。

2. 锅内倒入色拉油，小火加热，放入洋葱，调至中火，翻炒至洋葱变软。放入毛豆，继续翻炒。待全部食材过油后，倒入日式汤汁，煮沸，加盖，调至小火，炖煮15分钟左右。

3. 放凉，倒入榨汁机中，榨至柔滑。重新倒回锅内，加豆浆，加热。撒食盐、胡椒粉调味。盛出，放上装饰用的毛豆点缀。

鹰嘴豆咖喱浓汤

浓汤里加了香辛料，味道会有些许刺激，可暖体驱寒。

材料　2人份

鹰嘴豆（水煮）200g　洋葱1/2个（100g）　咖喱粉1小勺　鸡肉清汤（见第5页做法）或者用鸡骨汤料（颗粒）冲泡而成的汤150ml　豆浆100ml　食盐2撮　胡椒粉少许　色拉油1大勺　孜然（可无）适量

*如果用鸡骨汤料做清汤，注意根据咸淡控制食盐的用量。

做法

1. 鹰嘴豆用流水迅速冲洗。洋葱切成薄片。锅内倒入色拉油，小火加热，放入洋葱，调至中火，翻炒至洋葱变软。依次加入咖喱粉、鹰嘴豆，继续翻炒。待全部食材过油后，倒入鸡肉清汤，煮沸，加盖，调至小火，炖煮10分钟左右。

2. 放凉，倒入榨汁机中，榨至柔滑。重新倒回锅内，加豆浆，加热。撒食盐、胡椒粉调味。盛出，可撒孜然点缀。

→ 坚果·糙米类

汇集在这里的浓汤营养丰富，很适合作早餐。

浓汤

19

核桃浓汤

是一款味道醇厚的浓汤。核桃的浓香在唇齿间徘徊。

材料 2人份

核桃（烤好的） 100g
鸡肉清汤（见第5页做法）或者用
鸡骨汤料（颗粒）冲泡而成的汤
150ml
牛奶 150ml
鲜奶油 50ml
食盐 2撮
胡椒粉 少许
橄榄油 1大勺
核桃（装饰用） 适量

point

要将核桃先过水煮一段时间，以便去除涩味。

做法

① 锅内倒入适量的水，煮沸，将100g核桃放入，煮3~4分钟，盛出，放到纸巾上，沥干水分。

② 锅内倒入橄榄油，小火加热，放入步骤1中的核桃，调至中火，炒出香味。倒入鸡肉清汤，煮沸，加盖，调到小火，炖煮5分钟左右。

③ 放凉，倒入榨汁机中，榨至柔滑。重新倒回锅内，加牛奶、鲜奶油，加热。撒食盐、胡椒粉调味。盛出，撒上装饰用的核桃点缀。

豆腐芝麻浓汤

豆腐和豆浆强强联合，让浓汤里充满了大豆的浓香。

材料 2人份

卤水豆腐100g　洋葱1/2个（100g）　芝麻酱（白）
1大勺　日式汤汁100ml　豆浆100ml　食盐2撮
胡椒粉少许　色拉油1大勺　熟芝麻（白）少许

做法

1. 洋葱切成薄片。将芝麻酱溶入少量日式汤汁中。

2. 锅内倒入色拉油，小火加热，放入洋葱，调至中火，翻炒至洋葱变软。倒入剩余的日式汤汁，加入步骤1中的芝麻酱，炖煮片刻。

3. 放凉，倒入榨汁机中，再将豆腐弄碎放入榨汁机中，一起榨至柔滑。重新倒回锅内，加豆浆，加热。撒食盐、胡椒粉调味。盛出，撒熟芝麻点缀。

point

向芝麻酱里倒入适量日式汤汁，搅拌均匀，这样做出来的芝麻酱易于混合。

糙米浓汤

推荐在肚子微饿的时候享用。

材料 2人份

糙米饭100g　洋葱1/2个（100g）　咸梅干1个　日式汤汁150ml　豆浆150ml　食盐、胡椒粉各少许　色拉油1大勺　无核咸梅干（装饰用）适量

做法

1. 洋葱切成薄片。

2. 锅内倒入色拉油，小火加热，放入洋葱，调至中火，翻炒至洋葱变软。加入糙米饭，迅速翻炒。放入1个无核咸梅干，倒入日式汤汁，炖煮片刻。

3. 放凉，倒入榨汁机中，榨至柔滑。重新倒回锅内，加豆浆，加热。撒食盐、胡椒粉调味。盛出，放上无核咸梅干点缀。

point

炒完洋葱和糙米饭后，再放入清淡的无核咸梅干和日式汤汁。

47

Part 2

➡ 贝类

选取虾夷盘扇贝、牡蛎两种贝类来制作浓汤。再加上一点鲜奶油，一碗浓香醇美的浓汤就跃然眼前了。

虾夷盘扇贝浓汤

这款浓汤能让人充分品尝到虾夷盘扇贝甘甜、美味的闭壳肌。

材料　2人份

虾夷盘扇贝（去壳）　4个（100g）
食盐、胡椒粉　各少许
洋葱1/2个　（100g）
鸡肉清汤（见第5页做法）或者用鸡骨汤料（颗粒）冲泡而成的汤　100ml
牛奶　100ml
鲜奶油　50ml
食盐　2撮
胡椒粉　少许
橄榄油　1大勺
粗磨黑胡椒　少许

*如果用鸡骨汤料做清汤，注意根据咸淡控制食盐的用量。

做法

1. 虾夷盘扇贝（去壳）切成四等份，撒食盐、胡椒粉。洋葱切成薄片。
2. 锅内倒入橄榄油，小火加热，放入洋葱，调至中火，翻炒至洋葱变软。放入虾夷盘扇贝，迅速翻炒。倒入鸡肉清汤，煮沸，加盖，调至小火，炖煮10分钟左右。
3. 放凉，倒入榨汁机中，榨至柔滑。重新倒回锅内，加牛奶、鲜奶油，加热，撒食盐、胡椒粉调味。盛出，撒粗磨黑胡椒点缀。

point

翻炒至虾夷盘扇贝表面变色就可以了。此外，一定要倒入鸡肉清汤，这样就能将虾夷盘扇贝的鲜美封在汤里了。

牡蛎浓汤

牡蛎因其具有丰富的营养而被誉为"海中牛奶"。这款浓汤里含有足量的牡蛎，着实奢侈了一下。

材料　2人份

牡蛎（贝肉）　100g
大葱　1/2根（50g）
鸡肉清汤（见第5页做法）或者用鸡骨汤料（颗粒）冲泡而成的汤　100ml
牛奶　100ml
鲜奶油　50ml
食盐、胡椒粉　各少许
橄榄油　1大勺
意大利香芹碎末　适量
食盐（制盐水用）　适量

*如果用鸡骨汤料做清汤，注意根据咸淡控制食盐的用量。

做法

1. 用盐水涮洗牡蛎，放到纸巾上，沥干水分。大葱斜向切薄片。
2. 锅内倒入橄榄油，小火加热，放入大葱，调至中火，翻炒至大葱变软。放入牡蛎，用中火翻炒。待全部食材过油后，倒入鸡肉清汤，煮沸，加盖，调至小火，炖煮5分钟左右。
3. 放凉，倒入榨汁机中，榨至柔滑。重新倒回锅内，加牛奶、鲜奶油。加热，撒食盐、胡椒粉调味。盛出，撒意大利香芹碎末点缀。

point

用筛子盛着牡蛎，放到类似海水浓度的盐水中涮洗后，再一次放到清水中涮洗。经两次涮洗后，再拿来做浓汤。

浓汤

49

接下来将介绍维希奶油冷汤和西班牙冷汤等的制作方法。这些都是经过冰镇的美味冷汤。

维希奶油冷汤

以土豆为食材的冷制浓汤。
牛奶和鲜奶油增添了些许奶油般的美味。

材料 2人份

土豆1个（150g） 洋葱1/2个（100g） 鸡肉
清汤（见第5页做法）或者用鸡骨汤料（颗粒）
冲泡而成的汤150ml 牛奶100ml 鲜奶油50ml
食盐1小勺 橄榄油1大勺 粗磨黑胡椒少许

*如果用鸡骨汤料做清汤，注意根据咸淡控制食盐的用量。

做法

❶ 土豆去皮，切半，切成5mm厚的片，过冷
水去除淀粉。洋葱切成薄片。

❷ 锅内倒入橄榄油，小火加热，放入洋葱，
调至中火，翻炒至洋葱变软。放入土豆，
继续翻炒。待全部食材过油后，倒入鸡肉
清汤，煮沸，加盖，调至小火，炖煮15分
钟左右。

❸ 放凉，倒入榨汁机中，榨至柔滑。重新倒
回锅内，加牛奶、鲜奶油，略微加热，撒
食盐调味。放入冰箱中冰镇，取出后装盘，
撒粗磨黑胡椒点缀。

牛油果冷制浓汤

含有足量的牛油果，浓厚香醇令人陶醉。
记得冰镇后再享用。

材料 2人份

牛油果1个（净重约160g） 柠檬汁2小勺 嫩豆腐
100g 鸡肉清汤（见第5页做法）或者用鸡骨汤料
（颗粒）冲泡而成的汤150ml 食盐、胡椒粉各少
许 柠檬皮细丝适量

*如果用鸡骨汤料做清汤，注意根据咸淡控制食盐的用量。

做法

❶ 牛油果去皮，去核，按用量准备食材，
切成边长2cm的小块，蘸柠檬汁。

❷ 嫩豆腐捏碎，连同步骤1、鸡肉清汤一起
倒入榨汁机中，榨至柔滑。

❸ 撒食盐、胡椒粉调味，装碗，放上柠檬
皮细丝点缀。

point

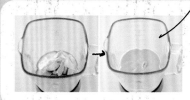

牛油果和豆腐
非常般配，将
二者混合在一
起做浓汤再好
不过了。

红色西班牙冷汤

这是西班牙料理中广为人知的一款冷汤。
满满的都是蔬菜，好像红彤彤的液态沙拉。

材料 2人份

圣女果（红）8个 灯笼椒（红）1/2个（75g） 黄瓜1/2根（50g） 西芹1/4根（50g） A（柠檬汁1小勺 橄榄油3大勺） 食盐、胡椒粉各少许

做法

❶ 圣女果去蒂，切成边长2cm的块。灯笼椒去蒂，去籽，取少量切碎末，以作装饰，剩余灯笼椒切成边长2cm的块。黄瓜削皮，切成5mm厚的片。西芹去筋，切成5mm厚的小薄片。

❷ 将步骤1、A倒入碗中，撒食盐、胡椒粉调味，轻轻搅拌混合。

*将此状态下的浓汤放入冰箱中冷藏一夜，味道会变得温和细腻。

❸ 将步骤2倒入榨汁机中，榨至柔滑。盛出，放上装饰用的灯笼椒碎末点缀。

黄色西班牙冷汤

做完红色西班牙冷汤该做黄色的了。
使用黄色的圣女果还能增添许多甜味。

材料 2人份

圣女果（黄）8个 灯笼椒（黄）1/2个（75g） 黄瓜1/2根（50g） 西芹1/4根（50g） Ⓐ（白葡萄酒醋或者柠檬汁1小勺 橄榄油3大勺） 食盐、胡椒粉各少许

做法

按照红色西班牙冷汤（如左所示）步骤1~3所述要领，切菜，加调味料，放入榨汁机中，榨至柔滑。盛出，放上装饰用的灯笼椒碎末点缀。

point

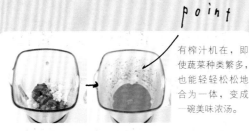

有榨汁机在，即使蔬菜种类繁多，也能轻轻松松地合为一体，变成一碗美味浓汤。

point

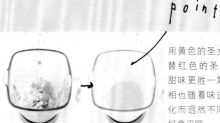

用黄色的圣女果代替红色的圣女果。甜味更胜一筹，卖相也随着味道的变化而迥然不同，好好享用吧。

Part 3

///////////////////////////

美式杂烩汤

美式杂烩汤诞生于美国，因其奶油般柔润的口感和丰富多彩的用材，让人难忘。久负盛名的文蛤杂烩汤自不必说，接下来还将介绍其他14款美式杂烩汤，其中包括添加西红柿的红色杂烩汤、咖喱风味杂烩汤、玉米蘑菇等蔬菜杂烩汤、大豆杂烩汤等。用冷冻派饼和杂烩汤还能轻松做出杯式派，一定要试一试。

➡ 基本杂烩汤

接下来介绍的花蛤杂烩汤声名远扬，广为人知。将花蛤的汤汁倒进炒好的食材中炖煮，再同牛奶、鲜奶油充分混合。炖好后再将花蛤重新放入锅内，一碗热腾腾、软乎乎的花蛤杂烩汤就出锅了。

美式杂烩汤

01

花蛤杂烩汤

贝类的鲜美和蔬菜的鲜美完美融合。
可以用文蛤来代替花蛤。

材料	2人份

花蛤（无壳、无沙） 200g	低筋粉 1大勺
水 200ml	牛奶 100ml
西芹 1/4根	鲜奶油 50ml
土豆 1/2个	食盐、胡椒粉 各少许
培根（块） 20g	橄榄油 1大勺
洋葱 1/4个	欧芹碎末 少许
胡萝卜 1/4根	

54

做法

① 炖煮花蛤

将花蛤放到清水中充分洗净。在锅内倒好相应用量的水，放入花蛤，加盖，调至中火，炖煮至花蛤开口。关火，取下锅，放凉，捞出花蛤，与汤汁分开放。花蛤去壳，只留蛤肉。

② 切食材

西芹去筋，土豆去皮，均切成边长1cm的小块。培根、洋葱、胡萝卜也切成边长1cm的小块。

③ 炒食材

锅内倒入橄榄油，小火加热，放入步骤2，翻炒。待全部食材过油后，用滤茶器向锅内添加低筋粉，翻炒至充分融合。

④ 炖煮食材

倒入花蛤汤汁，煮沸，撇去浮沫，加盖，调至小火，炖煮15分钟左右。

⑤ 添加花蛤肉

放入花蛤肉，倒入牛奶、鲜奶油，炖煮片刻。

⑥ 炖煮完成

撒食盐、胡椒粉调味。盛出，撒上欧芹碎末点缀。

美式杂烩汤的保存方法

美式杂烩汤用材丰富，下面将介绍专为美式杂烩汤设计的保存方法。

□ 保存方法

将美式杂烩汤放入平整的保存容器中，以防弄碎食材。再将容器放入冰箱冷藏，就能保鲜2~3日了。

→ 鱼贝类

　　贝类、虾、鱼段等同蔬菜混合搭配，共同烹制出一锅丰富多彩的海鲜杂烩汤。食材的鲜美从汤汁中溢出，留在唇齿间久久不会散去。这是一款居家旅行的首选汤品。

曼哈顿花蛤杂烩汤

贝类同土豆、胡萝卜等蔬菜一起在锅中融合。再加上西红柿，
一款鲜爽浓郁、酸甜可口的杂烩汤就做好了。

材料　2人份

花蛤（无壳、无沙）　200g

水　200ml

A{

西芹　1/4根

土豆　1/2个

培根（块）　20g

洋葱　1/4个

胡萝卜　1/4根

}

低筋粉　1大勺

西红柿（水煮罐头）　1/2罐（200g）

食盐、胡椒粉　各少许

橄榄油　1大勺

百里香（可无）　2~3枝

point

如果有，可以先向花蛤汤汁中加入一些香草，再加入鲜美的西红柿罐头，一同煮透。

做法

1. 按照花蛤杂烩汤（见第55页做法）的步骤1~3，向锅内倒入清水、花蛤，调至中火，炖煮至花蛤开口，花蛤、汤汁分开放，花蛤去壳。锅内倒入橄榄油，小火加热，放入切成边长1cm的块状食材A，翻炒。加入低筋粉，继续翻炒至充分融合。

2. 向步骤1中倒入花蛤汤汁、西红柿罐头。可以留少许百里香用作装饰，剩余的放入锅内，煮沸，撇去浮沫。加盖，调至小火，炖煮15分钟左右。

3. 加入花蛤肉，炖煮片刻，撒食盐、胡椒粉调味。盛出，可放几枝百里香点缀。

56

03

牡蛎杂烩汤

以浓郁香醇的牡蛎为主要食材。
这是一款味道丰富，奶油般松软滑腻的美式杂烩汤。

材料　2人份

牡蛎（牡蛎肉）　150g
水　200ml
菠菜　1/2捆
洋葱　1/4个
土豆　1/2个
低筋粉　1大勺
┌ 牛奶　100ml
A│
└ 鲜奶油　50ml
食盐、胡椒粉　各少许
橄榄油　1大勺
盐（盐水用）　适量

point

牡蛎和汤汁分开放。第4步时分别使用。

做法

1. 用盐水涮洗净牡蛎（见第49页）。锅内倒入清水，放入牡蛎，煮5分钟左右。牡蛎与汤汁分开放。

2. 菠菜煮熟，拧干水分，切成5cm长的段。洋葱切成薄片。土豆去皮，切成边长1cm的块。

3. 锅内倒入橄榄油，小火加热，放入洋葱，翻炒至洋葱变软。放入土豆，继续翻炒。待全部食材过油后，用滤茶器添加低筋粉，翻炒至充分融合。

4. 向步骤3内倒入汤汁，煮沸，撇去浮沫，加盖，调至小火，炖煮15分钟左右。放入牡蛎、菠菜，放入Ⓐ，炖煮片刻。撒食盐、胡椒粉调味。

鲜虾西红柿奶油杂烩汤

· · · · · · · ·

恰到好处的酸味，奶油般
松软滑腻的口感。将虾的
鲜美衬托得格外诱人。

➡ 制作方法见第60页

虾夷盘扇贝白菜杂烩汤

· · · · · · · ·

白菜的甜味让杂烩汤有了一
种独特的温和。尽情享受虾
夷盘扇贝弹性十足的口感吧。

➡ 制作方法见第60页

鲑鱼芝士杂烩汤

· · · · · · · ·

鲑鱼和奶油奶酪是一对完
美搭档。浓郁香醇的口感
让人回味无穷。

→ 制作方法见第61页

剑鱼咖喱杂烩汤

· · · · · · · ·

加了咖喱粉的杂烩汤让人耳
目一新。土豆中融入了剑鱼
的鲜美，也变得美味异常。

→ 制作方法见第61页

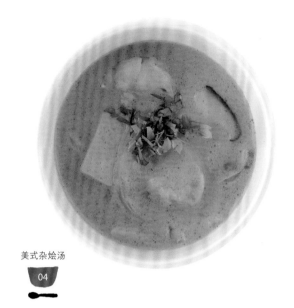

美式杂烩汤

04

鲜虾西红柿奶油杂烩汤

材料 2人份

虾（黑虎虾，虾肉）200g　食盐、胡椒粉各适量　洋葱1/2个　杏鲍菇1/2袋　低筋粉1大勺　Ⓐ［西红柿（水煮罐头）1/2罐（200g）　水200ml］鲜奶油50ml　橄榄油1大勺　意大利香芹碎末少许

做法

① 在虾肉上撒少许食盐、胡椒粉。洋葱切成薄片，杏鲍菇切成三等份，切成薄片。

② 锅内倒入橄榄油，小火加热，放入洋葱、杏鲍菇，翻炒至食材变软。放入虾肉，炒透。用滤茶器添加低筋粉，翻炒至充分融合。

③ 加入Ⓐ，煮沸，撇去浮沫，加盖，调至小火，炖煮10分钟左右。加入鲜奶油，炖煮片刻。撒少许食盐、胡椒粉调味。盛出，放上意大利香芹碎末点缀。

美式杂烩汤

05

虾夷盘扇贝白菜杂烩汤

材料 2人份

虾夷盘扇贝（去壳）100g　食盐、胡椒粉各适量　洋葱1/4个　白菜叶1片　低筋粉1大勺　水200ml　Ⓐ（牛奶100ml　鲜奶油50ml）橄榄油2大勺　粉红胡椒（可无）适量

做法

① 虾夷盘扇贝（去壳）切成四等份，撒少许食盐、胡椒粉。洋葱切成薄片。白菜叶切成2~3cm长的大块。

② 锅内倒入一半橄榄油，小火加热，放入虾夷盘扇贝，煎至两面微黄，盛出。倒入另一半橄榄油，放入洋葱，翻炒至洋葱变软。放入白菜叶，继续翻炒。待全部食材过油后，用滤茶器添加低筋粉，翻炒至充分融合。

③ 倒入水，煮沸，撇去浮沫，调到小火，炖煮10分钟左右。重新放入虾夷盘扇贝，加入Ⓐ，略微炖煮片刻。撒少许食盐、胡椒粉调味。盛出，可撒粉红胡椒点缀。

point

虾夷盘扇贝（去壳）煎好后要盛出来一会儿，以防煮老。在蔬菜煮好后，再重新倒回锅内。

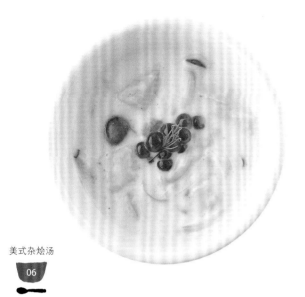

美式杂烩汤
06

鲑鱼芝士杂烩汤

材料 2人份

鲜鲑鱼1段 食盐、胡椒粉各适量 洋葱1/4个 蟹味菇1/2
袋 低筋粉1大勺 水200ml 牛奶100ml 奶油奶酪1大
勺 橄榄油2大勺 咸鲑鱼籽、莳萝（可无）各适量

做法

1. 鲑鱼切成小块，撒少许食盐、胡椒粉，腌制10分钟左
   右，放到纸巾上，沥干水分。洋葱切成薄片，蟹味菇
   去根，掰成小块。
2. 锅内倒入一半橄榄油，小火加热，放入鲑鱼，煎至两
   面微黄，盛出。倒入另一半橄榄油，放入洋葱，翻炒
   至洋葱变软。放入蟹味菇，继续翻炒。待全部食材过
   油后，用滤茶器添加低筋粉，翻炒至充分融合。
3. 倒入水，煮沸，撇去浮沫，重新放入鲑鱼块，加盖，
   调至小火，炖煮10分钟左右。
4. 将奶油奶酪溶入少量牛奶中，同剩余牛奶一起倒入锅
   内，略微炖煮片刻。待奶酪熔化，撒少许食盐、胡椒
   粉调味。盛出，可放上咸鲑鱼籽、莳萝点缀。

point

鲑鱼经过嫩煎，鲜味被牢牢锁
在肉里。之后再重新放回锅内
炖煮。

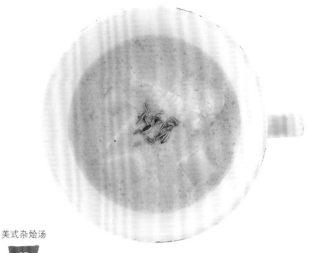

美式杂烩汤
07

剑鱼咖喱杂烩汤

材料 2人份

剑鱼1段 食盐、胡椒粉各适量 土豆1/2个 洋葱
1/4个 低筋粉1大勺 咖喱粉1小勺 水200ml 牛奶
150ml 橄榄油2大勺 孜然（可无）适量

做法

1. 剑鱼段切成小块，撒少许食盐、胡椒粉，腌制10
   分钟左右，放到纸巾上，沥干水分。土豆去皮。
   土豆、洋葱均切成边长1cm的块。
2. 锅内倒入一半橄榄油，小火加热，放入剑鱼块，
   煎至两面微黄，盛出。倒入另一半橄榄油，放入
   洋葱、土豆，翻炒至洋葱变软。用滤茶器依次添
   加低筋粉、咖喱粉，翻炒至充分融合。
3. 倒入水，煮沸，撇去浮沫，重新放入剑鱼块，加
   盖，调至小火，炖煮10分钟左右。加牛奶，略微
   炖煮片刻。撒少许食盐、胡椒粉调味。盛出，可
   撒适量孜然点缀。

point

同低筋粉一样，咖喱粉也要用
滤茶器添加。添加的过程中，
注意不要让咖喱粉结块。

蔬菜类

多种蔬菜混合而成的杂烩汤美味倍增。单种蔬菜独立制成的杂烩汤原味流长。根据自己的喜好选择一款吧。

多种蔬菜西红柿杂烩汤

西红柿和洋葱等多种鲜美的蔬菜组合在一起，共同制成了一碗营养丰富的杂烩汤。

➡ 制作方法见第64页

土豆杂烩汤

将鲜美的培根、洋葱充分翻炒，让美味流入土豆中。

➡ 制作方法见第64页

南瓜杂烩汤

· · **·** · · ○ · ·

炖得烂乎乎的南瓜，真是
人间美味。

→ 制作方法见第65页

西蓝花杂烩汤

· · **·** · · ○ · ·

最后再加上西蓝花，让嚼劲
留在唇齿间。而且绿油油的
色彩，让杂烩汤好吃又好看。

→ 制作方法见第65页

美式杂烩汤

08

多种蔬菜西红柿杂烩汤

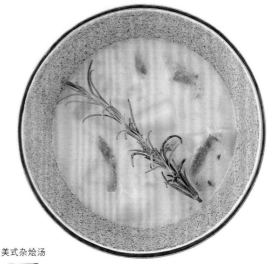

土豆杂烩汤

材料 2人份

土豆1/2个　西芹1/4根　洋葱1/4根　胡萝卜1/4根　西红柿（水煮罐头）1/2罐（200g）　低筋粉1大勺　鸡肉清汤（见第5页做法）或者用鸡骨汤料（颗粒）冲泡而成的汤200ml　食盐、胡椒粉各少许　橄榄油1大勺　雪维菜（可无）适量

*如果用鸡骨汤料做清汤，注意根据咸淡控制食盐的用量。

做法

1. 土豆去皮，西芹去筋。土豆、西芹、洋葱、胡萝卜均切成边长1cm的块。
2. 锅内倒入橄榄油，小火加热，放入步骤1，翻炒至食材变软。用滤茶器添加低筋粉，翻炒至充分融合。
3. 倒入鸡肉清汤、西红柿，煮沸，撇去浮沫。加盖，调至小火，炖煮15分钟左右。撒食盐、胡椒粉调味。盛出，可放上雪维菜点缀。

材料 2人份

土豆1个　洋葱1/4个　培根20g　低筋粉1大勺　水200ml　牛奶150ml　食盐、胡椒粉各少许　橄榄油1大勺　迷迭香（可无）适量

做法

1. 土豆去皮，切成边长2cm的块。洋葱切碎，培根切成5mm宽的条。
2. 锅内倒入橄榄油，小火加热，放入培根、洋葱，翻炒至食材变软。放入土豆，继续翻炒。待全部食材过油后，用滤茶器添加低筋粉，翻炒至充分融合。
3. 加水，煮沸，撇去浮沫，加盖，调至小火，炖煮15分钟左右。加牛奶，略微炖煮片刻。撒食盐、胡椒粉调味。盛出，可放上迷迭香点缀。

point

蔬菜均切成边长1cm的块，以便受热均匀。

point

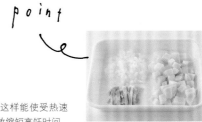

将食材切小，这样能使受热速度加快，能有效缩短烹饪时间。

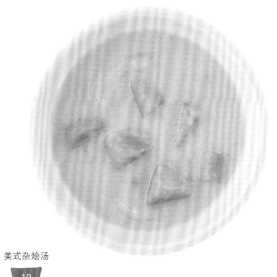

美式杂烩汤

10

南瓜杂烩汤

材料 2人份

南瓜1/8个　洋葱1/4个　低筋粉1大勺
水200ml　豆浆150ml　食盐、胡椒粉各少许
橄榄油1大勺

做法

1. 南瓜去皮，去瓤，去蒂，切成边长1~2cm的块。洋葱切成边长1cm的块。
2. 锅内倒入橄榄油，小火加热，放入洋葱，翻炒至洋葱变软。放入南瓜，继续翻炒。待全部食材过油后，用滤茶器添加低筋粉，翻炒至充分融合。
3. 加水，煮沸，撇去浮沫，加盖，调至小火，炖煮15分钟左右。加豆浆，略微炖煮片刻，撒食盐、胡椒粉调味。

point

豆浆很容易沉淀，所以要将南瓜煮好后再添加豆浆。

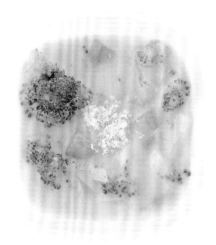

美式杂烩汤

11

西蓝花杂烩汤

材料 2人份

西蓝花1/2棵　胡萝卜1/4根　洋葱1/4根　低筋粉1大勺
鸡肉清汤（见第5页做法）或者用鸡骨汤料（颗粒）冲
泡而成的汤 200ml　豆浆150ml　食盐、胡椒粉各少
许　橄榄油1大勺　芝士粉适量

*如果用鸡骨汤料做清汤，注意根据咸淡控制食盐的用量。

做法

1. 西蓝花掰成小块，茎部削至露出白色部分，切薄片。胡萝卜切成边长1cm的块，洋葱切碎。
2. 锅内倒入橄榄油，小火加热，放入洋葱，翻炒至洋葱变软。放入西蓝花的茎，继续翻炒。待全部食材过油后，用滤茶器添加低筋粉，翻炒至充分融合。
3. 加鸡肉清汤，煮沸，撇去浮沫，加盖，调至小火，炖煮10分钟左右。取下盖，放入西蓝花，继续炖煮5分钟左右。加豆浆，略微炖煮片刻，撒食盐、胡椒粉调味。盛出，撒芝士粉点缀。

point

将西蓝花茎部绿色多筋的部分切除，只留下白色部分，切薄片备用。

玉米杂烩汤

玉米罐头中浓香鲜美的罐头汁，一定要物尽其用。

材料 2人份

玉米粒（罐头） 1罐（190g）
洋葱 1/4个
低筋粉 1大勺
水 150ml

A ┤ 牛奶 100ml
  ┤ 鲜奶油 50ml

食盐、胡椒粉 各少许
橄榄油 1大勺

point

将玉米粒连同罐头汁一起倒入锅内，如此做出来的杂烩汤风味更胜。推荐使用不添加食盐的玉米粒罐头。

做法

1. 洋葱切碎。

2. 锅内倒入橄榄油，小火加热，放入步骤1，翻炒至洋葱变软。用滤茶器添加低筋粉，翻炒至充分融合。

3. 倒入水、玉米粒、罐头汁，煮沸，调至小火，炖煮5分钟左右。放入A，略微炖煮片刻。撒食盐、胡椒粉调味。

蘑菇杂烩汤

汤中混有三种蘑菇。
食材丰富。有浓浓的蘑菇风味，还有奶油般浓香的口感。

材料　2人份

鲜香菇　4个
蟹味菇　1/2袋
杏鲍菇　1/2袋
洋葱　1/4个
低筋粉　1大勺
水　200ml
Ⓐ 牛奶　100ml
　 鲜奶油　50ml
食盐、胡椒粉　各少许
橄榄油　1大勺
粗磨黑胡椒　少许

point

多种蘑菇混合在一起，让鲜味升级。洋葱则补充了许多甜味。

做法

1. 香菇去根，切成薄片。蟹味菇去根，掰成小块。杏鲍菇切成三等份，切薄片。洋葱切碎。

2. 锅内倒入橄榄油，小火加热，放入洋葱，翻炒至洋葱变软。放入步骤1中的蘑菇，炒透。用滤茶器添加低筋粉，翻炒至充分融合。

3. 向步骤2内加水，煮沸，调至小火，炖煮5分钟左右。加 Ⓐ，略微炖煮片刻。撒食盐、胡椒粉调味。盛出，撒粗磨黑胡椒点缀。

混合豆金枪鱼西红柿杂烩汤

只需三个罐头，就能轻松做出美味杂烩汤。

材料　2人份

混合豆（水煮或者干包）100g　金枪鱼罐头（汤煮）80g　洋葱1/4个　低筋粉1大勺　Ⓐ[西红柿（水煮罐头）1/2罐（200g）　水200ml]　食盐、胡椒粉各少许　橄榄油1大勺

point

做法

① 洋葱切成薄片。沥干混合豆的水分。

② 锅内倒入橄榄油，小火加热，放入洋葱，翻炒至洋葱变软。放入混合豆，迅速翻炒。用滤茶器添加低筋粉，翻炒至充分融合。

如果用混合豆罐头做杂烩汤，可以省去泡开豆子这一步骤，减少工序，简单易做。

③ 向步骤2中倒入Ⓐ、金枪鱼罐头、罐头汁，煮沸，撒去浮沫，加盖，调至小火，炖煮10分钟左右。撒食盐、胡椒粉调味。

大豆肉末奶油味噌杂烩汤

味噌与豆浆的绝妙组合。分量超级足。

材料　2人份

大豆（水煮）100g　洋葱（切末）1/4个　肉末100g　低筋粉1大勺　水200ml　豆浆150ml　味噌1/2大勺　食盐、胡椒粉各少许　色拉油1大勺

做法

① 大豆沥干水分。将味噌溶入少量豆浆中。

② 锅内倒入色拉油，小火加热，放入洋葱末，翻炒至洋葱末变软。放入肉末，炒透。放入大豆，待全部食材过油后，用滤茶器添加低筋粉，翻炒至充分融合。

豆浆很容易分层，所以注意控制温度，不要过热。事先将味噌溶入少量豆浆中，这样下锅后，味噌就能迅速调和了。

③ 加水，煮沸，调至小火，炖煮5分钟左右。倒入剩余豆浆，略微炖煮片刻。倒入味噌、食盐、胡椒粉调味。

专栏

❷

用美式杂烩汤
做杯式派
Pot Pie

在美式杂烩汤上盖一层派，放到烤箱里。将派戳破，再蘸着热腾腾的杂烩汤浓香入口。不是只有杯式鸡肉派，可以根据个人喜好选择喜欢的口味。

美式杂烩汤

16

杯式鸡肉派

鸡肉和蘑菇的浓香被派牢牢地锁在杯中。
使用冷冻派饼，做起来更加轻松。

材料　直径约10cm的耐热容器（2个）

冷冻派饼（直径18cm）2片　鸡腿肉1/2片　食盐、胡椒粉各适量　洋葱1/4个　蟹味菇1/2袋　鲜香菇4个　低筋粉1大勺　水200ml　Ⓐ（牛奶100ml　鲜奶油50ml）　鸡蛋液［鸡蛋（取黄用）1个　水1小勺］　橄榄油1大勺

做法

❶ 将冷冻派饼放到冰箱冷藏室里解冻，根据耐热容器大小切一圈（如图ⓐ所示）。用叉子在派饼上扎数个孔（如图ⓑ所示），盖到容器口上。

❷ 制作鸡肉杂烩汤。鸡腿肉去除多余脂肪，切成小块。撒少许食盐、胡椒粉腌制片刻。洋葱切成薄片。蟹味菇去根，掰成小块。香菇去根，切成薄片。

❸ 锅内倒入橄榄油，小火加热，放入洋葱，翻炒至洋葱变软。放入鸡腿肉，煎至表面金黄。放入蘑菇，翻炒至蘑菇盖塌软。待全部食材过油后，用滤茶器添加低筋粉，翻炒至充分融合。

❹ 加水，煮沸，撇去浮沫，加盖，调至小火，炖煮10分钟左右。加入Ⓐ，略微炖煮片刻。撒少许食盐、胡椒粉调味

❺ 将步骤4所得制品平均分成2份，分别盛到两个耐热容器中。容器边缘抹点水（额外用量），盖上派饼（如图ⓒ所示），手指轻压边缘盖紧。用刷子在上面涂适量鸡蛋液（如图ⓓ所示）。放入烤箱中，200℃烘焙10分钟左右。

*为防止派饼塌软，请在使用前将派饼放进冰箱制冷片刻。这样烘焙出来的派饼，才会膨胀得很漂亮。

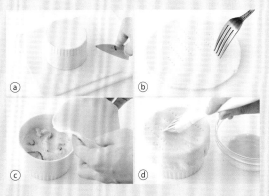

ⓐ　ⓑ

ⓒ　ⓓ

周末羹汤

　　终于盼来了周末，不妨来悠然自得地炖一
大锅羹汤。

　　将食材细细腌制，不慌不忙地炖煮。比平
时多花一点时间，做点不同于往日的美味。

Pot au feu

猪排骨蔬菜汤

切成大块的蔬菜，鲜美的猪排骨。慢慢在锅里炖熟。
将猪排骨事先腌好放上一夜，这样做出来的汤更加美味。

材料　4人份

猪排骨　5~6根（300~400g）	
食盐　1大勺	
砂糖　1小勺	
土豆　2个	
胡萝卜　1根	
洋葱　1个	
圆白菜　1/2个	
大蒜　2瓣	
水　1.2L	
迷迭香　1~2枝	
月桂叶　1片	
食盐　少许	
粉红胡椒（可无）　10粒	

满满地都是蔬菜和肉的鲜美

做法

猪排骨调底味

在猪排骨表面裹上食盐、砂糖，装入保鲜袋，放入冰箱冷藏一晚。

*裹上砂糖后，入味更快。

切蔬菜

土豆去皮，切成四等份。胡萝卜削皮，切成四等份。洋葱、圆白菜切半。大蒜用刀腹拍碎。

炖煮猪排骨和蔬菜

猪排骨用清水略微冲一下，放到纸巾上，沥干水分。锅内倒入水，放入步骤2中的蔬菜，调至中火，煮沸，撇去浮沫。

在步骤3中放入迷迭香、月桂叶、食盐、粉红胡椒。加盖，调至小火，炖煮2小时左右。

大功告成

蔬菜炖熟了就好了。尝一下味道，撒食盐调味。

马赛鱼汤

汤中满溢着鱼类与贝类的鲜美，堪称极品。
切成大块的土豆事先经过盐水煮，再同鱼肉一同入锅，吃起来松松软软，欲罢不能。

Bouillabaisse

材料　4人份

带头的虾　小的8~10尾或大的4尾
金眼鲷等白肉鱼　2段
贻贝　8个
土豆　2个
西红柿　2个
大蒜　1瓣
洋葱　1/2个
西芹　1/2根
　│白葡萄酒　100ml
　│番红花　1撮
　│百里香　2~3枝
Ⓐ│月桂叶　1片
　│水　600ml
食盐　适量
胡椒粉　少许
橄榄油　2大勺
食盐（盐水、盐煮用）　适量

做法

准备食材

1 虾用盐水洗净，挑去背部虾肠。贻贝用刷子仔细刷干净。土豆去皮，切成边长2cm的块，用盐水煮10分钟左右。西红柿切成边长2cm的块。大蒜、洋葱、西芹切薄片。

2 在金眼鲷外皮上用刀划2道，切成合适大小的块。如果有鱼刺，将鱼刺部分单独切下，放到一边。鱼肉两面撒少许食盐，静置10分钟左右，放到纸巾上，沥干水分。

3 番红花干煎，取出，用手碾碎，泡进白葡萄酒中。

翻炒蔬菜

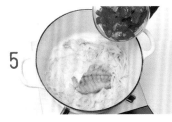

4 锅内倒入橄榄油，小火加热，放入大蒜，炒出香味。放入洋葱、西芹，撒少许食盐，翻炒至食材变软。

5 步骤2中的金眼鲷如果有鱼刺，先将鱼刺部分放入锅内，翻炒。加入西红柿，迅速翻炒。

炖煮蔬菜

6 向步骤5中加入步骤3，煮沸，待酒精挥发后，加入Ⓐ，继续煮沸，撇去浮沫，加盖，调至小火，炖煮10分钟左右。

过滤汤汁

7 大碗上放不锈钢过滤网，倒入步骤6，用锅铲按压，挤出水分过滤。

加入鱼贝，继续炖煮

8 将步骤7重新倒回锅内，调至中火，煮沸，加入虾、金眼鲷、土豆。中途撇去浮沫，调至小火，炖煮10分钟左右。加入贻贝，煮至贻贝开口。撒少许食盐、胡椒粉调味。

勃艮第红酒炖牛肉

Boeuf bourguignon在法语中的意思是"勃艮第风格的炖牛肉"。
其特点就是，先将牛肉放到红酒中腌制一夜，再放到锅中炖煮。
在这里，我们使用罐装的小牛高汤，就能轻松做出唇齿留香的美味。

Boeuf bourguignon

材料　4人份

A
- 牛上脑肉　600g
- 洋葱　1/4个
- 胡萝卜　1/4根
- 西芹　1/4根
- 大蒜　2瓣
- 百里香（可无）　2~3枝
- 月桂叶（可无）　1片
- 红酒　600ml
- 低筋粉　2大勺
- 小牛高汤（罐装）　300g
- 培根（块）　80g
- 蘑菇　8个
- 小洋葱　10~12个
- 黄油　10g
- 食盐、胡椒粉　各适量
- 橄榄油　1大勺

Check

小牛高汤

小牛高汤是指用小牛的骨头、肉，还有香料等制成的调味料。是法国料理中经常使用的一种汤汁。在这里，我们直接使用罐装的小牛高汤，方便快捷。

做法

腌泡牛肉

1 将Ⓐ中的牛上脑肉切成边长5cm的块。洋葱、胡萝卜、西芹切成边长1cm的块。大蒜用刀腹拍碎。

2 将Ⓐ放入保鲜袋中腌制一晚。将肉取出，放到纸巾上，沥干汁水。撒少许食盐、胡椒粉。除大蒜、百里香、月桂叶以外，将剩余蔬菜、腌泡液静置一旁。

煎肉，炒蔬菜

3 锅内倒入橄榄油，小火加热，放入步骤2中的牛肉，调至中火，煎至焦色，盛出。

4 向同一锅内放入步骤2中静置的蔬菜，翻炒至食材变软。用滤茶器添加低筋粉，翻炒至充分融合。

炖煮牛肉与其他食材

5 向步骤4中倒入步骤2中的腌泡液、小牛高汤。加入步骤3中的牛肉，煮沸，捞出浮沫，加盖，调至小火，炖煮2小时左右。

6 培根切成1cm宽的长条，蘑菇去根，切成四等份。小洋葱去皮。平底锅内放入黄油，小火加热，放入培根、蘑菇、小洋葱，迅速翻炒，放凉。

7 挑出步骤5中的牛肉，用不锈钢过滤网过滤剩余材料，用木锅铲按压食材，挤出汤汁。

8 锅内倒入步骤7中的汤、牛肉以及步骤6中的食材，加盖，调至中火，炖煮25分钟左右。撒少许食盐、胡椒粉调味。

法国奥日风鸡汤

法国诺曼底地区的家庭料理。
奥日是法国的一个溪谷的名字，它作为卡尔瓦多斯苹果白兰地的产地而久负盛名。
正如它的名声那样，这道菜里添加了许多苹果酒，具有奶油般香浓的口感。
苹果的酸味更是增添了些许清爽。在菜品里再加上嫩煎的苹果，锦上添花。

Poulet Vallée d'Auge

材料　4人份

鸡腿肉　2片
食盐、胡椒粉　各少许
低筋粉　2大勺
洋葱　1个
卡尔瓦多斯苹果白兰地或者
普通白兰地　50ml
苹果酒或者白葡萄酒
（甜口）　100ml
水　300ml
鲜奶油　200ml
食盐、胡椒粉　各少许
苹果　1个
黄油　10g
砂糖　1大勺
橄榄油　1大勺

Check

卡尔瓦多斯苹果白兰地与苹果酒
二者都是由苹果制成的酒品。苹果酒是由苹果的果汁发酵而来的（如图右）。苹果酒再经过蒸馏、熟化，得到的白兰地就是卡尔瓦多斯苹果白兰地（如图左）。只有诺曼底地区产的苹果白兰地才有资格称为卡尔瓦多斯苹果白兰地。

做法

煎鸡肉

鸡腿肉去除多余的黄色脂肪，每一片切成六等份。鸡腿肉两面撒食盐、胡椒粉。

鸡腿肉用低筋粉裹上薄薄一层。锅内倒入橄榄油，小火加热，调至中火，放入鸡腿肉，煎至两面金黄，盛出。

*鸡腿肉很容易粘锅，所以在煎好之前，尽量少翻动。

炒洋葱

洋葱切成薄片，放入步骤2的锅中，翻炒至洋葱变软，倒入卡尔瓦多斯苹果白兰地，略微炖煮片刻。

炖煮洋葱和鸡肉

向步骤3内加入煎好的鸡腿肉，倒入苹果酒、水。

煮开后，撇去浮沫，加盖，调至小火，炖煮40~50分钟左右。

加入鲜奶油，煮干。按照右图所示的方法勾芡。撒食盐、胡椒粉调味。

嫩煎苹果

苹果去皮，去核，纵向切成八等份。平底锅内放入黄油、砂糖，热化黄油。放入苹果，小火慢慢煎透。将步骤6装盘，在表面放上苹果。

*苹果表面附着的砂糖，能让焦色美得恰到好处，同时还能散发出微微烤焦时香喷喷的味道。

周末甜品汤

由应季水果和巧克力制成的甜口羹汤，有丝丝甜品的感觉。

苹果浓汤

肉桂味道香甜，是做甜品汤的不二之选。
苹果要注意连皮带肉一起使用。

材料 2人份

苹果1个（250g） 柠檬汁2小勺 **A**（水150ml 蜂蜜2大勺 肉桂粉少许） 鲜奶油100ml 肉桂棒（可无）

做法

1 苹果仔细清洗，去核，带皮切大块，蘸上柠檬汁。

2 将步骤1中的苹果、**A**放入榨汁机中，榨至柔滑。

3 加入鲜奶油，轻榨，装杯，可放上肉桂棒点缀。

Peach porage

桃子浓汤

具有桃子与蜂蜜温和的甜味。
是一款口感松软黏糯的浓汤。

材料 2人份

桃子1个（250g） 柠檬汁2小勺 **A**（水100ml 蜂蜜1大勺） 鲜奶油100ml 绿薄荷叶适量

做法

1 桃子去皮，去核，切成大块，蘸上柠檬汁。

2 将步骤1中的桃子和**A**一同放入榨汁机中，榨至柔滑。

3 加入鲜奶油，轻榨，装杯，放上绿薄荷叶点缀。

Apple Porage

point

苹果可根据个人喜好，选择富士苹果或其他品种。做浓汤时，要注意将苹果连皮带肉一起放到榨汁机中，再加入适量鲜奶油，就能做出一碗温和香甜的苹果浓汤了。

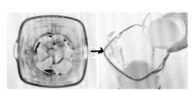

point

榨汁前，先在桃子表面蘸上柠檬汁，以防桃子变色。榨汁后再加入适量鲜奶油，就能做出奶油般细腻的口感了。

黑芝麻甜品汤

不妨试着加入足量的椰奶，来一个亚洲风格的甜品汤。

材料 2人份

芝麻酱（黑）2大勺　牛奶200ml　椰奶100ml　蜂蜜2大勺　椰肉丝（可无）适量

做法

1　将牛奶、芝麻酱倒入榨汁机中搅拌。

2　待牛奶与芝麻酱充分融合后，加入椰奶、蜂蜜，充分搅拌。

3　装杯，可轻轻放上几条椰肉丝点缀。

Chocolate Soup

Black Sesame Soup

巧克力羹汤

用板状巧克力轻松便能做出清凉的羹汤。添加一些橘子酱，味道会更加令人难忘。

材料 2人份

巧克力100g　牛奶、鲜奶油各100ml　鲜奶油（八分打发，装饰用）适量　可可粉少许　橘子酱1大勺

做法

1　巧克力切细碎，放入碗中，向碗底注入热水，一边搅拌，一边使巧克力熔化。

2　向步骤1中倒入牛奶、鲜奶油，充分搅拌混合。放入冰箱制冷。

3　装杯，在表面挤上装饰用的鲜奶油和可可粉。可根据个人喜好添加橘子酱。

point

芝麻酱和牛奶要混合在一起。加入一些蜂蜜，能增添许多天然甜味。

point

用市面上售卖的板状巧克力就可以。用热水慢慢烫至巧克力熔化。

79

本书共介绍了81款异国风情汤的做法，包括营养丰富的羹汤、味道独特的西式浓汤以及鲜美柔润的美式杂烩汤。书中还包括两则专栏和一则卷末特辑。专栏介绍了冷汤以及杯式派的做法，卷末特辑介绍了适合在周末慢慢享用的羹汤和大受女生欢迎的甜品汤。

无论春夏与秋冬，身体都需要温暖的关爱。亲手做一碗暖暖的羹汤，滋养自己与家人的身心，让幸福永驻心间。

图书在版编目（CIP）数据

亲手做一碗暖暖的羹汤 /（日）星野奈奈子著；
侯天依译 . —北京：化学工业出版社，2017.1
　　ISBN 978-7-122-28583-6

Ⅰ. ①亲…　Ⅱ. ①星…　②侯…　Ⅲ. ①汤菜－菜谱
Ⅳ. ①TS972.122

中国版本图书馆 CIP 数据核字（2016）第 290383 号

スープ・ポタージュ・チャウダーの本
Copyright © EI PUBLISHING CO.,LTD.2013
Original Japanese edition published by EI PUBLISHING CO.,LTD.
Chinese simplified character translation rights arranged with EI PUBLISHING CO.,LTD.
Through Shinwon Agency Beijing Office.
Chinese simplified character translation rights © 2017 by Chemical Industry Press
本书中文简体字版由 EI PUBLISHING CO.,LTD. 授权化学工业出版社独家出版发行。
未经许可，不得以任何方式复制或抄袭本书的任何部分，违者必究。

北京市版权局著作权合同登记号：01-2016-0532

责任编辑：王丹娜　李　娜　　　　　　　　　内文排版：北京八度出版服务机构
责任校对：边　涛　　　　　　　　　　　　　封面设计：周周設計局
文字编辑：李锦侠

出版发行：化学工业出版社（北京市东城区青年湖南街 13 号　邮政编码 100011）
印　　装：北京东方宝隆印刷有限公司
889mm×1194mm　1/16　印张5　字数 100 千字　2017 年 7 月北京第 1 版第 1 次印刷

购书咨询：010-64518888（传真：010-64519686）　售后服务：010-64518899
网　　址：http://www.cip.com.cn
凡购买本书，如有缺损质量问题，本社销售中心负责调换。

定　　价：49.80 元　　　　　　　　　　　　　　　　　　　版权所有　违者必究